Ulrich Knauer

Mathematische Modellierung

Aus dem Programm Mathematik

S. D. Chatterji, U. Kulisch, D. Laugwitz, R. Liedl
und W. Purkert (Hrsg.)
Jahrbuch Überblicke Mathematik 1991

S. D. Chatterji, B. Fuchssteiner, U. Kulisch, R. Liedl
und W. Purkert (Hrsg.)
Jahrbuch Überblicke Mathematik 1992

Vieweg Studium Basiswissen

Karl Bosch
Elementare Einführung in die angewandte Statistik

Karl Bosch
Aufgaben und Lösungen zur angewandten Statistik

Karl Bosch
Elementare Einführung in die Wahrscheinlichkeitsrechnung

Franz Pfuff
Mathematik für Wirtschaftswissenschaftler
Band 1: Grundzüge der Analysis. Funktionen einer Variablen.
Band 2: Lineare Algebra. Funktionen mit mehreren Variablen.
Band 3: Klausur- und Übungsaufgaben

Vieweg

Ulrich Knauer

Mathematische Modellierung

Laster, Busse und Schweine im Mathematikstudium

Professor Dr. Ulrich Knauer
Universität Oldenburg
FB 6, Mathematik
Ammerländer Heerstraße 114-118
2900 Oldenburg

Die Deutsche Bibliothek - CIP-Einheitsaufnahme

Knauer, Ulrich:
Mathematische Modellierung: Laster, Busse und Schweine
im Mathematikstudium / Ulrich Knauer. - Braunschweig;
Wiesbaden: Vieweg, 1992

ISBN 978-3-528-06434-1 ISBN 978-3-322-87603-4 (eBook)
DOI 10.1007/978-3-322-87603-4

Der Verlag Vieweg ist ein Unternehmen der Verlagsgruppe Bertelsmann International.

Das Umschlagbild ist aus der Seminararbeit hervorgegangen.
Gedruckt auf säurefreiem Papier

Vorwort

Einführung in die konkreten Probleme

In diesem Band sind drei Berichte über Modellierungsprojekte gesammelt. In allen drei Fällen werden die Ergebnisse einer jeweils einsemestrigen Arbeit studentischer Gruppen dargestellt. Immer stand ein konkretes praktisches Problem am Anfang, besser gesagt ein Problemfeld. Diese Problemfelder waren:

A) Straßengüterfernverkehr oder Rollende Landstraße
B) Öffentlicher Personennahverkehr in einer mittleren Stadt
C) Schweinemast

Die Berichte sind authentisch, d.h. sie sind für die Veröffentlichung nur noch redaktionell überarbeitet. Dadurch bleibt, wie ich hoffe, die Lebendigkeit der Darstellung erhalten und darüberhinaus ein Eindruck von der Konkretheit der Arbeit, die jeweils zu dem Bericht führte. Andererseits ist aber stilistische Einheitlichkeit nicht zu erwarten.

In einem theoretischen Teil ist den Berichten eine Darstellung des hier vertretenen Konzepts der Ausbildung in mathematischer Modellierung vorangestellt. Diese Darstellung basiert auf mehreren Veröffentlichungen, die an verschiedenen Stellen erschienen sind.

Für wen ist dieser Band zusammengestellt

Spezielle Anforderungen an die Leserinnen und Leser werden durch dieses Buch kaum gestellt; Interesse an dem, was mathematische Modelle tun, ist Voraussetzung. Insbesondere sind für das Verständnis keine besonderen Kenntnisse in Mathematik erforderlich (wenngleich die mathematischen Kenntnisse der an der Formulierung der Modelle Beteiligten in sehr viel umfassenderer Weise in die Ergebnisse eingegangen sind, als das nachträglich zu erkennen ist).

Daher ist das Buch nicht nur für Studierende der Mathematik geeignet, sondern auch für SchülerInnen höherer Schulen und folglich auch für LehrerInnen. Es soll dazu dienen, das "Typische" mathematischer Modellierung zu veranschaulichen. Das kann an sich von Interesse sein, macht es doch auch deutlich, wieviele "außerwissenschaftliche" Annahmen und Entscheidungen in solche Modelle eingehen. Es soll aber auch dazu dienen, einen Eindruck über die Art der Tätigkeit von DiplommathematikernInnen in der Wirtschaft zu geben. Insofern kann der Band auch zur Berufsorientierung benutzt werden. Dies wiederum kann für SchülerInnen dazu beitragen, begründeter zu entscheiden, ein Mathematikstudium zu beginnen. Es kann den LehrerInnen helfen, ein realistisches Bild von dem, was MathematikerInnen in der Praxis tun, zu vermitteln (in den meisten Fällen spielt dieser Aspekt in der Ausbildung für das Lehramt in Mathematik kaum eine Rolle). Es kann schließlich für diejenigen, die bereits Mathematik studieren, dazu dienen, den Übergang in die berufliche Praxis bewußter und besser vorbereitet zu meistern.

Darüber hinaus kann dieser Band vielleicht Anregung sein, selbst derartige Projekte in Angriff zu nehmen, sowohl in der Universitätsausbildung wie auch in den Abschlußjahrgängen der Schulen.

Zur "männlichen" Sprache

In dieser Einleitung habe ich die Variante des großen I gewählt, also MathematikerIn geschrieben. Ich habe das Prinzip im folgenden Text nicht mehr durchgehalten, obwohl ich mir darüber im klaren bin, daß mit der traditionellen Schreibweise der Eindruck einer vollständig von Männern für Männer gemachten Information entsteht. Aber auch die "Innen"-Variante erscheint hier nicht angemessen, da sie schwerfällig ist und außerdem in Grammatik und Satzbau unübersichtliche Auswirkungen hat. Im übrigen bleiben geschlechtsspezifische Besonderheiten in der Berufstätigkeit von Mathematikerinnen hier außer acht. Sie ließen sich ohnehin nicht nebenbei diskutieren.

Dank

Mein besonderer Dank gilt meinem Freund und Kollegen Horst-Eckart Gross, der großen Anteil an dem Gelingen dieser und weiterer hier nicht dokumentierten Projekte hatte und maßgeblich zu der Entwicklung dieses Konzeptes überhaupt beigetragen hat.

Darüber hinaus gilt mein Dank zahlreichen Menschen, die in vielen Gesprächen durch Anregungen, Hilfe und Kritik zum Themengebiet insgesamt und zu den einzelnen Projekten beigetragen haben. Nur einige davon werden in den konkreten Berichten namentlich erwähnt.

Für die technische Herstellung des Manuskripts und viele damit verbundene Anregungen danke ich Isolde Matziwitzki. Dem Verlag und insbesondere Frau Dr. Reményi-Scheiderer danke ich für die Betreuung bei der Fertigstellung des Manuskripts.

Inhalt

I.

Mathematiker sind Modellierer

1. Mathematische Modellierung im Mathematikstudium

1.1. Möglichkeiten für Modellierung im Studium

Im Oldenburger Diplomstudiengang Mathematik sind alle Studierenden verpflichtet, an Veranstaltungen zur Mathematischen Modellierung teilzunehmen. Im Fachbereich Mathematik werden Veranstaltungen unterschiedlichen Typs angeboten, die den Studierenden das Erfüllen dieser Anforderung ermöglichen.

Im wesentlichen kommen drei Arten solcher Veranstaltungen zum Zuge:

a) Vorlesungen (mit oder ohne Übungen), in denen mathematische Modelle, genauer gesagt Ergebnisse mathematischer Modellierungsprozesse dargestellt werden.

Für solche Veranstaltungen kann inzwischen auf die Literatur zurückgegriffen werden [1, 4, 11, 34].

Der Vorteil dieser Veranstaltungen besteht darin, den Studierenden Überblicke zu verschaffen darüber, in welchen Bereichen Mathematische Modellierung nützlich ist und welche Methoden dabei angewandt werden können. Allerdings werden Mathematisierungsprozesse am besten durch eigene Tätigkeit erfahren. Deshalb können entsprechende Fähigkeiten kaum durch das Nachvollziehen von Modellierungsprozessen entwickelt werden.

b) Veranstaltungen und Seminare im Rahmen von universitären Forschungsvorhaben, die Modellbildung erfordern.

Dabei wird es sich in der Regel um das Forschungsgebiet von Lehrenden handeln, das dann durch die praktische Frage oder durch das theoretische Instrumentarium festgelegt ist. Die Teilnahme an solchen Modellierungsprozessen ist die der Realität nächste Variante. Probleme können sich daraus ergeben, daß es sich in der Regel um längerfristig laufende Projekte handelt, die für die einzelnen Teilnehmer eine erhebliche Einarbeitungszeit erfordern. Das ist im Rahmen eines Studiums sicherlich am besten dann zu realisieren, wenn auch das Thema der Diplomarbeit aus diesem Bereich stammt.

c) Projektseminare

Hier handelt es sich um (einsemestrige) Seminare, die in unserem Falle mit zwei Semesterwochenstunden angesetzt sind. Sie sollen insbesondere auch den Studierenden, die sich nicht in Mathematischer Modellierung für die Diplomarbeit spezialisieren, einen Einblick in ihre künftige Praxis in der Industrie und Wirtschaft geben.

Der zentrale Aspekt dieses Zugangs ist es, daß es weder möglich noch notwendig ist, den Studierenden spezielle mathematische Kenntnisse zu vermitteln, die sie in ihrer späteren Berufstätigkeit benötigen.

Im Gegensatz dazu ist es notwendig, die Fähigkeit - und vielleicht noch wichtiger die Bereitschaft - zu entwickeln, aus realen, nicht mathematischen Problemen Modelle abzuleiten, deren Analyse zur Klärung von Teilaspekten des praktischen Problems beiträgt.

Die folgenden eher theoretischen Erörterungen dienen hauptsächlich der Erläuterung und Begründung dieses Konzepts. Die drei konkreten Berichte in diesem Band sollen es veranschaulichen. Hier erwähne ich zunächst noch einige weitere Themen, die als Projektseminare in der angegebenen Form durchgeführt wurden. Die Literaturangaben enthalten meist nur kurze Beschreibungen dieser Projekte.

- Lokomotivdispositionssystem für einen stahlproduzierenden Betrieb [20]
- Verkehrsabhängige Phasenpläne für Lichtsignalanlagen [20]

- Automatisches Transportsystem zur Zusammenstellung von Aufträgen [20]
- Koordinierte Lichtsignalanlagen eines Straßenzuges (grüne Welle)
- Auswertungssystem für lungenszintigraphische Messungen [28]

1.2. Vergleich mit anderen Universitäten

Die Notwendigkeit einer stärkeren"Praxisorientierung" des Mathematikstudiums ist eigentlich seit mehr als einem Jahrzehnt unbestritten. Konsequenterweise gibt es verschiedene Ansätze zur Realisierung. Am bekanntesten ist die Technomathematik geworden (vgl. einige Beiträge in [32]), die als spezieller Studiengang inzwischen schon an mehreren Universitäten vertreten ist. Aber auch eine Reihe von Universitäten, die diesen Weg nicht gehen, haben unterschiedliche Ansätze erprobt und zum Teil in ihr festes Angebot aufgenommen. Stellvertretend erwähne ich die Oxford Mathematics Study Group, Modelle in Australien, die Claremont Math Clinics, die betreuten Praktika an einigen Grandes Ecoles in Frankreich, das Projektstudium in Roskilde (Dänemark) (vgl. die entsprechenden Beiträge in [3], [25] und [32]).

2. Projektseminare Modellierung

Im folgenden werde ich die Projektseminare, wie sie in 1.1. unter c) kurz beschrieben sind, genauer charakterisieren, orientiert an den konkreten Fragestellungen, die den drei hier dokumentierten Modellen zugrunde lagen. In diesem Zusammenhang werde ich auch einige allgemeinere Positionen zu Modellierungsprozessen formulieren bzw. zitieren.

2.1. Die Auswahl der Problembereiche

Die Problemfelder ergaben sich zunächst aus der Interessenlage der Beteiligten. Dabei kommt den Interessen des Veranstalters hohe Priorität zu aufgrund der notwendigen Vorauswahl, die vor allem zur Anbahnung von Kontakten erforderlich ist.

In einem Fall, und zwar beim dritten Problembereich "Schweinemast", fand eine längere Diskussion vor Beginn der eigentlichen Arbeit statt. Es standen noch zwei weitere Themen zur Auswahl, und zwar ein "Rentenmodell" für die BRD und ein "Gepäckverteilungssystem" für einen Großflughafen. Die Entscheidung für das Schweinemastmodell fiel dann i.w. aus Praktikabilitätsüberlegungen, das waren hier

- gute Kontakte zu einem Schweinemastbetrieb
- Interesse an einem Modell von der Seite des Betriebes.

Entsprechendes galt zwar auch für das Gepäckverteilungssystem, allerdings waren die technischen Voraussetzungen zu Beginn der Arbeit noch nicht erfüllt, d.h. die Betreibergesellschaft konnte die erforderliche Zusammenarbeit erst zu einem späteren Zeitpunkt anbieten.

Für das Rentenmodell gab es keine derartigen Voraussetzungen. Die Frage war aufgrund einer Zeitungsmeldung entstanden, in der gesagt war, daß durch Erhöhung des Rentenalters einige Milliarden Mark eingespart werden könnten. Sie bestand darin zu klären, ob diese Aussage korrekt sei und welche möglichen anderen nicht erwähnten Konsequenzen daraus entstehen würden.

Der Problembereich Öffentlicher Personennahverkehr (ÖPNV) entstand aus konkreten Fahrplanbeobachtungen, vor allem durch die mangelhafte Anbindung der Oldenburger Universität durch das Stadtbusnetz. Die einzige Buslinie ist nicht auf Standardzeiten der Universitäten abgestimmt. Auf anderen Strecken fahren zwei Linien fast gleichzeitig, aber dann vergehen 20 oder mehr Minuten bis zur nächsten "Bedienung". Gibt es dafür nachvollziehbare, vielleicht sogar gravierende Gründe, lassen sich kundenfreundlichere Fahrpläne aufstellen, gibt es ein Maß für "Kundenfreundlichkeit", waren einige motivierende Fragestellungen.

Der Problembereich "Rollende Landstraße" wurde durch die konkreten Erfahrungen mit Lkw-Kolonnen auf den Autobahnen insbesondere in der BRD angeregt. Sollte es nicht möglich sein, durch den Transport des gesamten Lkw einschließlich Fahrer auf der Schiene entlang einiger fester Hauptstrecken die erforderliche und wünschenswerte Entlastung der Straßen zu erreichen ohne Qualitätsverluste für die Transporte?

2.2. Kriterien für die Themenwahl innerhalb eines Problembereiches

Mit der Festlegung auf einen Problembereich ist aber in der Regel erst die Grundlage für eine eigentliche Themendiskussion gegeben, d. h. erst jetzt läßt sich entscheiden, was modelliert werden soll.

Sogar wenn für einen Problembereich beliebig viel (wie Mathematiker gern sagen) Zeit zur Verfügung stünde, müßten für ein Gesamtmodell einzelne Komponenten separiert werden, die zunächst isoliert untersucht werden.

In den hier diskutierten Fällen führte der Entscheidungsprozeß zur Auswahl jeweils einer Komponente und zur Vernachlässigung der übrigen. Die Berichte zeigen, daß auch eine Komponente noch immer sehr vielfältig sein kann.

Die Kriterien für die getroffenen Entscheidungen werden zum Teil aus den Berichten deutlich, sind oft aber auch auf nicht rekonstruierbare Zufälle zurückzuführen.

2.3. Unabhängigkeit bei der Themenwahl

Wichtig ist es, auf ein Kriterium hinzuweisen, das oft nicht besonders beachtet wird (wohl weil es im Konflikt zur "Objektivität der Mathematik" steht), nämlich auf das stark zielbestimmende Erkenntnisinteresse der Modellierer. In der betrieblich-industriellen Praxis wird dieses Interesse oft vom Auftraggeber vorgegeben, meist wohl in der Form von Optimierungskriterien - manchmal vielleicht sogar mit Wünschen, wie die Ergebnisse aussehen sollen.

In einem universitären Arbeitsvorhaben besteht eine solche Situation i.a. nicht, zumindest nicht, solange die bearbeiteten Projekte nicht entsprechend eng definierte Aufträge beinhalten.

Bei den hier vorgestellten Projekten haben wir uns diese Form der Unabhängigkeit in weitem Maße zunutze gemacht. Wir haben die Frage nach möglichen Folgen der eigenen Arbeit, d.h. hier der Modelle, gestellt und zwar so umfassend, wie es den Teilnehmern möglich war. Diese Frage wurde vor Beginn der Arbeit gestellt, mit dem Ziel festzustellen, ob ein Projekt überhaupt bearbeitet werden sollte, und sie wurde nach Abschluß der Arbeit wiederholt. Es ist offensichtlich, daß diese Frage bei der Formulierung des Problems und der Zielstellung erheblichen Einfluß ausüben kann.

2.4. Öffentlichkeit

Die erwähnte Unabhängigkeit bedeutet dennoch nicht, daß der Modellierungsprozeß im "luftleeren Raum" (im Elfenbeinturm der Wissenschaft) stattfindet. Vielmehr haben wir bei den hier präsentierten Themen und auch bei weiteren bearbeiteten Fragen immer die Öffentlichkeit informiert, durch persönliche Kontakte, Pressemitteilungen der Universität, "populärwissenschaftliche" Aufsätze, und nach Abschluß der Arbeit durch Interviews im Rundfunk oder im Fernsehen.

Leider ist die Teilnahme an diesem Weg in die Öffentlichkeit durch die zeitliche Begrenzung auf ein Semester nicht immer für die ganze Gruppe möglich gewesen. Das ist vor allem deshalb bedauerlich, weil dabei insbesondere bei "brisanten" Themen die möglichen Wirkungen der eigenen Arbeit deutlicher vor Augen geführt werden, als bei allen theoretischen Diskussionen.

Zur Illustration sind im Anschluß an den Bericht zum ersten Thema: "Straßengüterfernverkehr oder Rollende Landstraße" einige Pressereaktionen (regional und landesweit) und auch einige Leserbriefe der lokalen Oldenburger Zeitung (Nordwestzeitung, NWZ) dokumentiert. Es ist noch zu ergänzen, daß in diesem Fall zahlreiche Personen und Gruppen, die in keinerlei Kontakt zu unserer Universität standen, diese Studie anforderten. Innerhalb kurzer Zeit kamen mehr als 30 solcher Anforderungen.

Ähnliche, nur kleinere Dokumentationen von Reaktionen folgen auch den beiden anderen Berichten.

In allen drei Fällen sind die Besuche beim "Auftraggeber" durch einige Fotos dokumentiert.

Dabei soll nicht verkannt werden, daß derartige "Hinwendungen in die Öffentlichkeit" nicht das für Wissenschaftler und insbesondere Mathematiker übliche Vorgehen ist - und deshalb auch von Fachkollegen oft emotional abgelehnt wird.

2.5. Implementierung

Alle Probleme wurden bis zu einer Lösung geführt. Aber wir haben immer darauf verzichtet, die Lösung, d.h. also eigentlich das Modell, soweit zu implementieren, daß es für potentielle Benutzer auf Computern zur Verfügung gestellt werden könnte. Das würde den gesetzten zeitlichen Rahmen zu weit überschreiten, und es würde Schwierigkeiten hervorrufen, die mit dem hier zu leistenden Modellierungsprozeß nicht primär zu tun haben. Diese Implementierung wäre ohne weiteres möglich, würde aber dann weitgehende finanzielle Unterstützung von außerhalb erfordern.

Ein Schritt in dieser Richtung erfolgte beim ersten Thema in einem Nachfolgeprojekt mit Verkehrswissenschaftlern der Universität Hannover [33].

2.6. Der mathematische Gehalt

Es liegt im Wesen des hier vorgestellten Zugangs, daß vor Beginn der Arbeit kaum etwas über einsetzbare mathematische Verfahren vorhergesagt werden kann. Dies erweist sich bisweilen als Schwierigkeit, weil sich weder die Lehrenden noch die Studierenden vorbereiten noch "Minimalvoraussetzungen" für die Teilnahme angegeben werden können.

Ein weiteres Problem tritt auf, weil die Teilnehmer die Arbeit nicht mit einem Vorrat an Definitionen und Sätzen abschließen können, d.h. man weiß nicht so genau, was man gelernt hat und worüber man sich prüfen lassen kann. Da gegenwärtig die Tendenzen zu stärkerer Reglementierung des Studiums hauptsächlich im Zusammenhang mit der Studienzeitverkürzung relativ deutlich sind, führt dies bei den Teilnehmern bisweilen zur Unzufriedenheit.

Mathematisch gesehen haben alle drei Themen sehr viel weitergehende Diskussionen in der jeweiligen Arbeitsgruppe angeregt als an den Berichten zu erkennen ist, schon deshalb, weil nur der schließlich gewählte Weg dokumentiert ist und auch dieser nur in der endgültigen Form. Von den Ergebnissen her scheinen mir die Qualitätsformeln im Zusammenhang mit dem zweiten Thema ÖPNV am interessantesten, wenngleich sie für Verkehrswissenschaftler diskutierenswerter sein dürften als für sogenannte reine Mathematiker.

2.7. Umgang mit der Literatur

Besondere Erwähnung erfordert der Umgang mit Veröffentlichungen, meist in Tagungsbänden oder Fachzeitschriften, die ähnliche Probleme und ihre Lösungen behandeln. Grundsätzlich ist es schwierig, die einschlägige Literatur zu finden, zumal man als Modellierer in der Regel nicht den Überblick über die weit verstreuten Publikationen in den jeweiligen Bereichen hat.

Genauere Analyse zeigt oft, daß vom Titel her geeignet erscheinende Arbeiten entweder von Theoretikern stammen, z.B. von Mathematikern und dann zu allgemein sind, um auf das jeweils konkrete Problem anwendbar zu sein. Im anderen Fall, d.h. wenn die Arbeiten von Praktikern, also etwa Modellierern in der Industrie geschrieben sind, enthalten diese Veröffentlichungen häufig nur grundlegende Informationen, jedoch nicht genügend Angaben, mit denen die Lösungen nachvollzogen werden könnten. Die Gründe dafür mögen darin liegen, daß Praktiker selten die Zeit für detailliertere Arbeiten haben und vielleicht auch nicht die nötige Freigabe durch den Betrieb erhalten. Umgekehrt können Theoretiker mit "konkreteren" Arbeiten bei der gegenwärtigen Struktur der Wissenschaften kaum zu ihrem fachinternen Ruhm beitragen.

Ansätze zu einer positiven Wendung dieses Problems und eine Reihe interessanter Aspekte zum Verhältnis von Mathematik und Anwendungen finden sich in [23]. Dieser Artikel beinhaltet gleichzeitig ein Programm für die damit gestartete Zeitschrift "*Acta Applicandae Mathematicae*".

Insgesamt gilt aber auch hier, Modellierungsfähigkeit kann man am besten durch eigenes Tätigwerden lernen und folglich auch nur unter Schwierigkeiten schriftlich oder mündlich vermitteln.

Nichtsdestoweniger liefern Veröffentlichungen aus dem Umkreis des jeweiligen Themas Hinweise und Anregungen und können manchmal sogar Irrwege ersparen. Sie zeigen aber auch die trotz nun schon lange anhaltender Bemühungen noch immer unzureichende Zusammenarbeit zwischen Theoretikern und Praktikern.

3. Charakteristika der Modellierungsprojekte

Ich wiederhole hier die Prinzipien, nach denen die dokumentierten Modellierungsprozesse vorbereitet und realisiert wurden (vgl. [20], [28]):

1. Der Ausgangspunkt ist ein reales Problem.
2. Die Teilnehmer (Studenten und Professoren) sind keine Spezialisten auf dem Gebiet.
3. Eine realistische Präsentation des Problems sollte am besten durch die "Nutzer", die in dem jeweiligen Bereich arbeiten, erfolgen.
4. Eine Exkursion soll dazu dienen, sinnliche Eindrücke von dem Problem, den Geräten, dem Umfeld und vor allem den möglicherweise betroffenen Menschen zu gewinnen.
5. Alle wesentliche Schritte in der mathematischen Modellierung sollen möglich sein:
   a. Finden der notwendigen Information,
   b. Finden der benötigten Daten,
   c. Geeignete Beschreibung des Systems,
   d. Abstraktion und Vereinfachung des Systems,
   e. Adaptation mathematischer Theorien,
   f. Anwendung der Theorien,
   g. Programmierung,
   h. Interpretation der Resultate und Reformulierung bzw. Vervollkommnung des Modells,
   i. "verständliche" Dokumentation der Ergebnisse (schriftlich und mündlich).

6. Es sollte Kontrollmöglichkeiten geben sowie Kriterien für den Erfolg der Arbeit. Beides ergibt sich in der Zusammenarbeit mit Spezialisten außerhalb der eigenen Universität relativ zwangsläufig.

7. Die Arbeitsbedingungen sollen realistisch sein, insbesondere durch einen gewissen Zeitdruck und Erfolgszwang.

8. Reflexion über die Konsequenzen der eigenen Arbeit sollten Teil der Modellierung werden.

9. Die Analyse der Rolle der Mathematik in dem Modell sollte die Arbeit begleiten.

Es ist klar, daß die aufgeführten Punkte unterschiedliche Konkretisierungen erfordern, die sich aus den unterschiedlichen Ebenen ergeben, aber auch abhängig von den bearbeiteten Themen und von den Bearbeitern selbst sind.

Geht man die hier dokumentierten Modelle durch, so sieht man, daß die einzelnen Prinzipien, ebenso wie auch die unter 5. aufgeführten Schritte des Modellierungsprozesses unterschiedlich stark zum Vorschein kommen.

4. Das Problem der exakten Daten und Verantwortung

Allen dargestellten Erfahrungen ist gemeinsam, daß besondere Probleme bei den Schritten 5a und 5b auftreten. Dies ist eine Erfahrung, die alle Modellierer immer wieder machen. Die Schwierigkeiten, "exakte Daten" zu bekommen, die man für exakte Verfahren benötigt, um damit exakte Modelle konstruieren zu können, stellen die mit Abstand größten Probleme bei jedem Modellierungsprozeß dar.

Inzwischen beginnt sich unter Modellierern die Meinung zu verbreiten, daß dies Problem nicht dadurch zu lösen ist, daß man exakte Daten sucht oder gar darauf wartet, sie "geliefert" zu bekommen. Vielmehr ist die Perspektive, mit qualitativen Daten umgehen zu lernen. Hier ist nicht der Ort, die damit verbundenen Probleme zu diskutieren. Ganz sicher aber stellt es einen unverantwortbaren Mißbrauch dar, aus nicht exakten Daten mit Hilfe mathematischer Verfahren gewonnene Ergebnisse unter Hinweis auf den objektiven Charakter der Mathematik als objektive, allgemein gültige, exakte Ergebnisse zu verkaufen. Leider ist dies noch immer gängige Praxis, die meist nicht von den Modellierern selbst geübt wird. Dies gilt vor allem in "sensiblen" Bereichen, wo es um Risikoabschätzungen bei mangelhaft kontrollierbaren (technischen) Prozessen geht ([05], [09]).

Der Ausweg darf nach meiner Meinung nicht sein, in solchen Fällen keine mathematischen Modelle zu machen. Solche Situationen erfordern von den Modellierern erhebliche zusätzliche Sachkenntnis in dem modellierten Bereich, hohes Verantwortungsbewußtsein und persönlichen Mut, um die Tragweite oder eben die mangelnde Tragweite eines Modells nötigenfalls auch öffentlich zu machen.

5. Charakterisierung der Tätigkeit von Mathematikern in Wirtschaftsunternehmen (vgl. [23])

1. These: Mathematiker sind in Wirtschaftsunternehmen von Bedeutung, weil sie durch ihr Studium nicht auf den Einsatz von Theorie in einem bestimmten materiellen Bereich eingeschränkt werden. Mathematiker sind universelle Spezialisten.

Trotz der Unschärfe im Anforderungsprofil gibt es bisher keine Berufsgruppe, die Mathematiker ersetzen könnte. Auch Informatiker können dies nicht leisten, einerseits weil ein zu hoher Bedarf an diesen selbst besteht, andererseits sind sie vermutlich zu einseitig ausgebildet im folgenden Sinne: Für sie ist der Computer nicht ein Arbeitsmittel wie für die Mathematiker, sondern Arbeitsfeld. Jedenfalls sind Mathematiker in allen Wirtschaftszweigen zu finden.

2. These: Die Tätigkeit von Mathematikern in Wirtschaftsunternehmen ist geprägt durch Bau und Pflege mathematischer Modelle.

Die dafür erforderlichen Qualifikationen sind weniger kognitiver Art, sondern vorwiegend Einstellungs- und Herangehensweisen, die heute in der Regel durch ein Mathematikstudium nicht direkt vermittelt werden. Dabei sind die mathematischen Modelle in der Praxis bei vielen nicht-technischen Problemen relativ einfach (was die Mathematik angeht).

3. These: Die Arbeit an und mit mathematischen Modellen ist geprägt u. a. durch:

- Abstraktion,
- Vereinfachung (ein mathematisches Modell ist grundsätzlich eine unvollkommene Widerspiegelung der Realität),
- Verständnis für die Auswirkungen der notwendigen Vereinfachungen auf das Verhalten des mathematischen Modells,
- Kommunikationsfähigkeit und Bereitschaft, sich in nicht-mathematische Gebiete einzuarbeiten, um diese mit mathematischen Methoden zu approximieren und damit besser erkennen und verstehen zu können,
- die Fähigkeit, mit "Nicht-Mathematikern" kommunizieren und "richtige" Fragen stellen zu können.

4. These: Zentrale Aufgabe mathematischer Modellierung ist die Quantifizierung von Qualitäten.

6. Qualifikationsanforderungen (vgl. [23])

Mathematisches Denken ist mehr als logisches Denken (was auch durch Schach, Latein, etc. vermittelt wird). Mathematik ist die abstrakteste Widerspiegelung der materiellen Welt ist und daher prinzipiell anwendbar.

Denken in und Erkennen von Strukturen ist das grundlegende Werkzeug eine Mathematikers. Bestandteile davon sind:

- Die Benutzung von Symbolen,
- die Spezifizierung von Begriffen,
- die Formulierung von Definitionen (als Verknüpfung von Begriffen),

  Dabei stehen jeweils die innerhalb der Mathematik üblichen Formen zur Verfügung mit den inhaltlichen Festlegungen, aber ebenso auf analoge Weise einzuführende neue Varianten. Symbole und Begriffe sind wesentliche Hilfsmittel bei dem zu Modellbildung erforderlichen Abstraktionsprozeß. Definitionen als Verknüpfungen von Begriffen sind Resultate eines Abstraktionsprozesses.
- Verstehen der Prinzipien mathematischer Beweise,

  Sie helfen bei der Entscheidung über die Gültigkeit von Aussagen unter Einschränkungen. Dies ist für jede Praxis ein wünschenswertes, wenn auch nicht immer in einer befriedigenden Art zu erreichendes Ziel.
- Erkennen von Abhängigkeiten,
- Finden von Vereinfachungen,
- Umgang mit Singularitäten, Randwertproblemen, Phasenübergängen,
- Einbeziehung von kontraintuitivem Verhalten bei Systemen und Modellen,
- Operieren mit Klassen von Objekten.

Die Allgemeinheit dieser Bestandteile des "Denkens in Strukturen" liegt daran, daß die Anforderungen der Wirtschaftsunternehmen an mathematische Theorie relativ schwach entwickelt sind. Ein Grund dafür dürfte sein, daß in der Praxis Antworten auf konkrete Fragestellungen ermittelt werden müssen, egal ob mit viel, wenig oder ohne Theorie. Weiterhin sind - zumindest zu Beginn der beruflichen Praxis - die Mathematiker relativ unsensibel gegenüber nicht-theoretischen Anforderungen, d.h. sie sind noch nicht vollständig "Industrie-fähig". Leider läßt sich die Vermutung nicht von der Hand weisen, daß sie mit zunehmender Berufserfahrung unsensibel gegenüber mathematischer Theorie werden.

7. Auffächerung der durch und für mathematische Modellierung entwickelten Qualifikationen

Im folgenden werden die schon skizzierten Qualifikationen noch stärker untergliedert, um damit die grundsätzliche Bedeutung des Studiums und die Funktion der Mathematik für die berufliche Praxis in der Industrie weiter zu beleuchten (vgl. [28]).

7.1. Fachspezifische Qualifikationen

7.1.1. Innermathematische Qualifikationen

a. Aktive Beherrschung der mathematischen Fachsprache und des begrifflichen Instrumentariums, um festzustellen, welche Teile zur Formulierung des betrachteten Problems geeignet sind und um die Formulierung vorzunehmen.

b. Überblick über wesentliche mathematische Theorien.

c. Fähigkeit, Fragestellungen oder Begriffe geeigneten mathematischen Gebieten zuzuordnen. Dabei muß man die Gebiete zumindest überblicksweise kennen, braucht aber zusätzlich noch Erfahrung, um die Entscheidungen treffen zu können, welche Bezüge zu berücksichtigen sind und welche nicht.

d. Literaturkenntnis. Dabei handelt es sich um die Fähigkeit, festzustellen was vorhanden und zugreifbar ist. Damit in engem Zusammenhang steht:

e. Lesefähigkeit. Das soll hier heißen, wie orientiert man sich grob auch in unbekannten Theorien, wie findet man wesentliche Aussagen und wie untersucht man sie auf ihre Tragweite für die eigene Fragestellung.

7.1.2. Qualifikationen im Anwendungsgebiet

Qualifikationen in Anwendungsgebieten sind meist nicht vorhanden oder zu vermitteln, zumal die Bereiche, in denen Mathematik prinzipiell anwendbar ist, so zahlreich sind, daß es schlechthin unmöglich ist, alle Gebiete im Studium vorzubereiten. Wichtig und unverzichtbar ist jedoch die Bereitschaft, sich auf Fragen und Probleme nicht-mathematischer Gebiete oder Wissenschaften einzulassen.

7.1.3. Qualifikationen in vermittelnden Wissenschaften

Es gibt Modellierungsprobleme, in denen Ergebnisse weiterer Wissenschaften benutzt werden müssen, bevor ein Modell konstruiert werden kann. Typische solche Wissenschaften sind Physik, Chemie und andere Naturwissenschaften sowie Wirtschaftswissenschaften. Neben Grundkenntnissen in einer und wenn möglich mehreren typischen Wissenschaften sind auch hier die Einstellungen der Mathematiker wichtig. Grundkenntnisse müssen auf alle Fälle wesentliche Elemente der spezifischen Fachsprachen dieser Wissenschaften umfassen. In den hier betrachteten Modellen sind Ökonomie, Biologie, Verkehrswissenschaften solche vermittelnde Wissenschaften.

7.1.4. Qualifikationen in Computerwissenschaften

Für mathematische Modellierung wird im allgemeinen immer auch der Computer benutzt werden. D.h., Mathematiker brauchen Erfahrung mit der Anwendung von Computern, Kenntnisse über Möglichkeiten und Beschränkungen und die Bereitschaft zur Anwendung des Computers.

7.2. Fächerübergreifende Fähigkeiten zum wissenschaftlichen Arbeiten

7.2.1. Qualifikationen, die durch die Mathematik geprägt werden.

Die folgenden Stichworte beschreiben einige Fähigkeiten, die gelegentlich auch unter "Logisches Denken" zusammengefaßt werden:

- Konzeptuelles Denken,
- Strenge,
- Analyse der Rollen von Voraussetzungen und Axiomen etc.,
- iterative Problemformulierung,
- iterative Problemlösung.

7.2.2. Fähigkeit zu wissenschaftlichem Arbeiten.

Die hier aufgezählten Fähigkeiten sind nicht spezifisch für Mathematiker, aber vielleicht besonders schwierig für sie:

- Finden von Literatur, diskursives Lesen,
- Umgang mit unvollständiger Information,
- Finden von fachfremden Spezialisten, Kommunikation mit diesen,
- Fähigkeit zur Darstellung und zum "Verkauf" eigener Ergebnisse.

Die hier angesprochenen Fähigkeiten werden nur aus systematischen Gründen gesondert erwähnt, sie sind zum Teil bereits unter 7.1. erfaßt, sie treten zum Teil unter den verhaltensspezifischen Fähigkeiten wieder auf.

7.3. Verhaltensspezifische Qualifikationen (attitudes)

7.3.1. Umgang mit der Mathematik

a. Einbringen der mathematischen Vorbildung in unsichere Situationen. In diesem Falle heißt das, sich den Problemen der Anwender aussetzen, die dazugehörige Offenheit zeigen und im Vertrauen auf die eigenen Fähigkeiten Lösungsvorschläge entwickeln.

b. "Interdisziplinäres" Suchen innerhalb der Mathematik nach geeigneten Begriffsbildungen oder Methoden. Dies ist eine Handlung bzw. Haltung, die sich vollständig innerhalb der Mathematik realisieren läßt, nichtsdestoweniger im traditionellen Mathematikstudium kaum eine Rolle spielt.

c. Einlassen auf unvermeidbare Mängel an Präzision. In den Diskussionen mit den Anwendern ist es nicht notwendig, sondern wäre sogar schädlich, die in der Mathematik übliche Präzision zu fordern. Notwendig ist diese jedoch, sobald die eigene Arbeit beginnt.

d. Herunterübersetzen von Mathematik (Spezialisieren, Simplifizieren, auf das Wesentliche reduzieren). Dies ist insbesondere eine Voraussetzung dafür, Nichtmathematikern zu erklären, welche Informationen für die Aufstellung eines Modells noch erforderlich sind.

e. Anwenden von Mathematik, gegebenenfalls auf "niedrigem Niveau", und das eventuell in experimenteller Form. Beide Aspekte sind meistens konträr zu den in einem Mathematikstudium verfolgten Zielen. Dort muß es darum gehen, gelernte Theoriestücke auf immer höherer Abstraktionsebene nutzbar zu machen.

f. "Experimentelle" Mathematik. Hier heißt das etwa, bei dem ÖPNV-Modell zu entscheiden, welche der möglichen Qualitätsformeln am besten geeignet ist.
Eine experimentelle Annäherung an neue Begriffsbildungen oder Theoriestücke ist auch innerhalb der Mathematik üblich, wird aber kaum thematisiert und findet fast nie Eingang in die Lehre von Mathematik. Deswegen spielen Experimente, auch im weitesten Sinne, in der Selbsteinschätzung der Mathematiker keine Rolle im mathematischen Arbeitsprozeß. Diese Einschätzung der Rolle des Experiments kann sich ein Hochschulmathematiker vielleicht noch leisten, sie wäre für die Arbeit des Mathematikers in der Praxis sehr hinderlich.

g. **Anwendbarkeit der Mathematik erleben und dadurch die Bereitschaft zur Anwendung entwickeln.**

h. **Entscheidung, wann ein Modell "fertig" ist, auch wenn eventuell noch nicht die innerhalb der Mathematik üblichen Ansprüche erfüllt sind.**

7.3.2. Umgang mit den Problemen anderer Wissenschaftler

a. Nicht-mathematische Probleme ernst nehmen.

b. Einlassen auf nicht-mathematische Fachfragen - auch wenn keine eigenen Kenntnisse vorhanden sind.

c. Unpräzise Fragestellungen akzeptieren, verstehen und präzisieren lernen.

d. Ansprüche formulieren lernen, die als Voraussetzung erfüllt sein müssen, um die eigenen Methoden einsetzen zu können.

e. Die Fähigkeit, diese Ansprüche zu reduzieren.

7.3.3. Umgang mit Nichtmathematikern

a. Die (Mathematikern oft eigene) Überheblichkeit abbauen, als unangemessen erkennen. Gerade bei in der Praxis ungeübten Mathematikern findet man häufig eine Haltung, die sich über nicht-mathematische Probleme und auch Vertreter nicht-mathematischer Disziplinen abfällig oder spöttisch äußert, weil diese soweit von der mathematischen Exaktheit entfernt sind. Dabei wird im allgemeinen verkannt, daß nicht-mathematische Probleme meistens erheblich komplizierter sind als mathematische Probleme.

b. Lernen, daß der Mathematiker "seine Ziele" immer anpassen muß an die der Anwender. Das "eigentliche" Ziel von Mathematikern, nämlich (schöne) Mathematik zu betreiben, interessiert niemanden außer vielleicht die Mathematiker.

7.4. Reflektorische und emotionale Fähigkeiten

Es ist sicher, daß keines der in diesem Abschnitt genannten Probleme durch eine Veranstaltung zur mathematischen Modellierung der hier vorgeschlagenen Art gelöst werden kann. Aber ich halte es für einen Erfolg, wenn die Teilnehmer auf die Existenz derartiger Fragen aufmerksam werden.

7.4.1. Verhalten zur Mathematik

Die hier genannten Fähigkeiten gehören natürlich nicht zur Mathematik, sondern verlangen eine in gewissem Sinne objektive Betrachtung der Mathematik und der eigenen Tätigkeit. Es handelt sich um einen Bereich, über den "man nicht spricht". Das gilt vermutlich auch für andere Wissenschaften als die Mathematik, für diese aber in besonderem Maße, vermutlich weil die hierbei benötigten Kategorien sich einer Formalisierung in Analogie zu mathematischen Begriffsbildungen entziehen.

So spielen etwa Wahrheitskriterien und Schönheitskriterien in der mathematischen Forschung eine nicht geringe Rolle, wenngleich unter Mathematikern nur ein "unausgesprochener Konsens" darüber besteht. Das gleiche gilt für bewegende Momente, Ziele mathematischer Entwicklung und - wenn auch abnehmend - für die sogenannten Grundlagen der Mathematik.

Von in der Praxis arbeitenden Mathematikern erwartet niemand Einsichten oder Positionen zu derartigen Fragen, sondern ein eindeutiges Engagement für die Probleme der Praxis - und nicht für die der Mathematik.

Solange nun in der Ausbildung nicht vermittelt werden kann, daß die Probleme der Praxis bewegende Momente für die Probleme der Mathematik sind - wenn in vielen Fällen auch für den einzelnen kaum sichtbar - wird der Mathematiker in der Praxis seine Arbeit in besonderem Maße als nichtmathematisch und nicht-wissenschaftlich erleben müssen.

Die damit verbundenen Probleme sind Teil des sogenannten Praxisschocks. Sie werden jedem deutlich, der den Übergang von der Hochschule in die Praxis selbst erlebt oder beobachtet.

7.4.2. Rolle und Verwertung von Mathematik in der Praxis

Es ist eine Tatsache, daß Mathematik und Mathematiker finanziell gefördert werden, und zwar auch sehr abstrakte Bereiche, von Geldgebern, denen nur sehr wenig direktes Interesse an diesen Bereichen unterstellt werden kann (z. B. Nato-Seminare über geordnete Mengen oder Ringtheorie). Dies legt nahe, daß mathematikinterne Schönheitskriterien nicht die offenbar unbestrittene Bedeutung der Mathematik ausmachen. Die Verwertungssituation von Mathematik wirft Fragen auf, auf die das Mathematikstudium grundsätzlich nicht vorbereitet.

Auch hier muß zunächst eine Aufzählung genügen. Geheimhaltungsfragen spielen eine bedeutende Rolle innerhalb der Praxis, sie stehen im Widerspruch zur Arbeit von Mathematikern an Hochschulen. Die Frage nach der Entscheidung über den Einsatz von Methoden und Verfahren, die von Mathematikern und mit Hilfe von Mathematik entwickelt wurden, spielt naturgemäß innerhalb der Hochschule kaum eine Rolle und wird auch in der Praxis nicht von Mathematikern getroffen. Das macht Mathematiker in der Praxis schnell zu "nützlichen Idioten", die dann auch keinen Einfluß auf die Verwendung ihrer Ergebnisse mehr nehmen wollen. Diese Funktionalität wird noch erleichtert dadurch, daß die Kriterien für Verwertungsentscheidungen nicht mathematisch faßbar sind und auch nicht in Analogie zu mathematischen Begriffsbildungen formalisiert werden können.

7.4.3. Verhalten zur eigenen Arbeit

Erfahrungen mit mathematischer Modellierung wird in vielen Fällen zu der Einsicht führen, daß die Forschung insbesondere an den Hochschulen, die Lehre und die eigenen Kenntnisse sowohl der Studenten wie der Lehrenden nicht eingestellt sind auf den Umgang mit praktischen Problemen. Trotzdem wird das Einlassen auf praktische Probleme in den meisten Fällen zu Erfolgen führen.

- Die Probleme werden gelöst oder zumindest einer Lösung nähergebracht.
- Die Chancen von derartig vorbereiteten Absolventen bei der Suche nach einem Arbeitsplatz steigen.
- Das Vertrauen in die eigenen Möglichkeiten, die mathematischen Kenntnisse nutzbringend einzusetzen, wächst.
- Das weit verbreitete Mißtrauen gegen Mathematiker und Mathematik wird reduziert.

7.5. Vergleich mit anderen Spezialisten

Die mehrfach anklingende Verantwortungsdiskussion betrifft in unterschiedlicher Ausformung grundsätzlich auch Spezialisten anderer Fachgebiete, deren Aufgabe eine Vermittlung von Theorie und Praxis beinhaltet. Die größte hier zu nennende Gruppe sind sicher die Ingenieure. Bei diesen nimmt die Verantwortungsdiskussion schon seit einigen Jahren einen eher wachsenden Raum ein. Man vergleiche dazu etwa die Diskussionen auf dem Deutschen Ingenieurtag 1991 in Berlin und die entsprechenden Beiträge in den VDI Nachrichten vom 24.5.91. Es wird vielleicht verwundern, daß auch Mathematiker von derartigen Problemen betroffen sind. Sie glaubten lange, sich durch die "Reinheit" ihrer Theorie vor den Problemen der Praxis "schützen" zu können.

8. Literatur

[01] Avner, F., Mathematics in Industrial Problems, Parts 1, 2, 3, Springer Verlag u.a. 1988, 1990

[02] Avula, X., Bellman, R., Luke, Y.L., Rigler, A. K. (Eds), Proceedings of the Second International Conference on Mathematical Modelling, Rolla (Missouri) 1980

[03] Barton, N. G., A Comparison of Some Australian and European Mathematics-in-Industry Ventures, The Australian Mathematical Soc., Gazette 14 (1987), 25-35

[04] Bender, E. A., An Introduction to Mathematical Modeling, Wiley, New York et al. 1988

[05] B. Booss-Bavnbek, Alte Theorie - Neue Praxis, Informationstechnologische Auswirkungen auf die Mathematik II, in [29], 107 - 210

[06] Booss, B., Krickeberg, K. (Eds), Die Mathematisierung der Einzelwissenschaften, Basel 1976

[07] Booß-Bavnbeck, B., Pate, G., med Bohle-Carbonell, M. og Jensen, I.H., Vurdering af matematisk teknologi-Technology Assessment -Technikfolgenabschätzung, Roskilde 1988 (Tekster fra IMFUFA Roskilde Universitetscenter, Tekst Nr. 164)

[08] Booss-Bavnbek, B., Høyrup, J., Von Mathematik und Krieg, Schriftenreihe Wissenschaft und Frieden, Bd. 1, Marburg 1984, vgl. auch "On Mathematics and War", RUC-Paper, Roskilde 1988

[09] Booss, B., Niss, M., (Eds), Mathematics and the Real World, Basel 1979

[10] Buurman, J., Knauer, U., Some Aspects of the Relation between Mathematics and Reality, in [09] 82-86

[11] Casti, J. L., Alternate Realities: Mathematical Models of Nature and Man, Wiley, New York et al. 1989

[12] Ebenhöh, W., Über das mathematische Modellieren nichtmathematischer dynamischer Systeme, Manuskript, Oldenburg 1983

[13] Ebenhöh, W., Mathematische Modellierung, Manuskript, Oldenburg 1985

[14] Gross, H.-E., Das sich wandelnde Verhältnis von Mathematik und Produktion, in: Plath, P., Sandkühler, H. (Eds), Theorie und Labor, Köln 1978, 226-269

[15] Gross, H.-E., The Importance of Mathematical Modelling for University Education in Mathematics, Int. J. Math. Educ. Sci. Technol. 12 (1981), 549-555

[16] Gross, H.-E., The Employment of Mathematicians in Insurance Companies in the Nineteenth Century, in [31], 179-196

[17] Gross, H.-E., Mathematik (Studium) in: Enzyklopädie Erziehungswissenschaft, Bd. 10, Stuttgart 1983, 639-646

[18] Gross, H.-E., Knauer, U., The Impact of the Employment of Mathematicians on University Education, in[35], 46-53

[19] Gross, H.-E., Knauer, U., Mathematical Modelling in University Education. An Experiment at the University of Oldenburg, Int. J. Math. Educ. Sci. Technol. 13 (1982), 115-136

[20] Gross, H.-E., Knauer, U., University Education as Preparation for Professional Praxis , in [32], 115-136

[21] Gross, H.-E., Knauer, U., Der Beruf des Mathematikers - Materialien zur Entstehung, Oldenburg 1987

[22] Gross, H.-E., Knauer, U., Mathematik in der Wirtschaft, in [29], 94-109

[23] Hazewinkel, M., The Art of Applying Mathematics, Acta Appl. Math. 1 (1983), 1-3

[24] Hinrichsen, D., Knauer, U., Zessin, H., Projektstudium in Mathematik, in [30], Heft 10 (1973) 1-45

[25] Kempf, A.-M., Wille, F., (Eds) Mathematische Modellierung, Hamburg 1986

[26] Knauer, U., Philosophical Aspects of Mathematical Modelling, in [2] Vol. II, 739-743

[27] Knauer, U., Straßengüterfernverkehr oder Rollende Landstraße, Einblicke - Forschung an der Universität Oldenburg 5 (1987), 31-33

[28] Knauer, U., Das Lehren mathematischer Modellierung, in [25], 272-282

[29] I. Maaß, W. Schlögmann (Hrg.) Mathematik als Technologie? Deutscher Studienverlag, Weinheim 1989

[30] Materialien zur Analyse der Berufspraxis des Mathematikers, Heft 1 bis 25, Bielefeld 1971 bis 1980

[31] Mehrtens, H., Bos, H., Schneider, I. (Eds), Social History of Nineteenth Century Mathematics, Basel 1981

[32] Neunzert, H. (Ed), Mathematics in Industry, Teubner, Stuttgart 1984

[33] Verkehrsforum Bahn, Gesamtwirtschaftlichkeitsbetrachtung des kombinierten Verkehrs am Beispiel einer Effizienzanalyse des Systems Rollende Landstraße, Bonn 1988

[34] Young, G.S., New Directions in Applied Mathematics, Springer, Berlin u. a. 1982

[35] Zain, S. M., Salleh, A. R., Abdullah, I., Saari, A. S. (Eds), The Role of Mathematics in Industry, Proceedings of the Third South East Asian Mathematical Symposium, Kuala Lumpur 1978

II.

Dokumentation der Ergebnisse von drei Modellierungsprojekten

A Straßengüterfernverkehr oder Rollende Landstraße

B Modellierung eines ÖPNV-Netzes

C Ein mathematisches Schweinemast-Modell

A

Straßengüterfernverkehr oder Rollende Landstraße Ein Ressourcen-Bilanz-Modell

Untersuchung
der
Arbeitsgemeinschaft Mathematische Modelle

Prof. Dr. Ulrich Knauer
Fachbereich Mathematik
der
Universität Oldenburg

Oldenburg 1985

Inhalt Modellierungsprojekt A

Vorwort

Dieser Bericht beschreibt die Ergebnisse einer Untersuchung "Straßengüterfernverkehr oder Rollende Landstraße". Die Untersuchung wurde im Jahre 1985 in einer Arbeitsgemeinschaft an der Oldenburger Universität durchgeführt. Die Mitarbeiter waren angehende Diplom-Mathematiker, die unter dem Rahmenthema "Mathematische Modellierung" ein Ressourcen-Bilanz-Modell des Güterfernverkehrs aufstellten.

Für die jeweils erwiesene Unterstützung danken wir

dem Vorstand der Deutschen Bundesbahn,

der Zentralen Transportleitung der Deutschen Bundesbahn,

den Mitarbeitern des Güterbahnhofs Köln-Eifeltor,

der Bundesbahndirektion Köln,

der Gewerkschaft der Eisenbahner Deutschlands,

der Kombiverkehr Frankfurt,

der Studiengesellschaft für den kombinierten Verkehr,

der Bundesanstalt für das Straßenwesen,

der Österreichischen Bundesbahn,

der Schweizer Bundesbahn.

Zusammenfassung

Seit langem wird in der Öffentlichkeit kontrovers über die Verlagerung von Güterverkehr auf die Bundesbahn diskutiert. Die Befürworter des Straßentransports führen insbesondere Schnelligkeit, Disponibilität und Sicherung von Arbeitsplätzen an. Die Befürworter des Schienentransportes stellen dem Sicherheit und Schonung der Umwelt im weitesten Sinne gegenüber. Ziel dieser Untersuchung ist es, die Argumente zu analysieren und zu objektivieren. Die zur Verfügung stehenden Daten werden kompatibel gemacht. Auf diese Weise können die Kosten des Straßengüterfernverkehrs und die Kosten des Transports für die gleichen Gütermengen einschließlich der Lkw auf der Rollenden Landstraße der Deutschen Bundesbahn gegenübergestellt werden.

Nach der eingeführten Bewertung der jeweils verbrauchten Ressourcen ergeben sich Einsparungsmöglichkeit von 3 Milliarden DM bis 6 Milliarden DM pro Jahr. Dies wird möglich, wenn der Straßengüterfernverkehr auf die Rollende Landstraße verlagert wird, für Fahrten ab 500 km, ab 400 km oder ab 300 km. Zum Vergleich: Nach dem Bundesverkehrswegeplan 1980 betragen die Investitionen für die Deutschen Bundesbahn in den Jahren von 1980 bis 1990 pro Jahr 3,5 Milliarden DM.

Das hier gewählte Modell der Verlagerung ganzer Lastzüge einschließlich Fahrer auf die Bundesbahn ist für die Spediteure lohnkostenneutral, gefährdet nicht die Arbeitsplätze der Lkw-Fahrer und greift nicht in die Auftragslage und Auftragsstruktur des Speditionsunternehmen ein. Darüber hinaus erfüllt dieses Modell, was Komfort und Schnelligkeit der Transporte angeht, im wesentlichen die gleichen Anforderungen wie der reine Lkw-Transport.

Zur Bestimmung der Kosten der verglichenen Transportarten wird der Verbrauch an folgenden Ressourcen bewertet:

- Verbrauchte Rohstoffe und Verschleißmaterial,
- Abnutzung an den Transportmitteln,
- Abnutzung an den Verkehrswegen,
- Beschädigung von Personen und Material durch Verkehrsunfälle und Unfallfolgen,
- Beschädigung von Personen und Material durch Umweltbelastungen.

Über die letzten beiden Bereiche liegen nur relativ wenige, unvollständige und zum Teil auch unzuverlässige Daten vor. In Zweifelsfällen wurden beim Straßenverkehr in dieser Untersuchung jeweils niedrigere Werte angesetzt. Deshalb ist bei realistischer Einschätzung davon auszugehen, daß die Schädigungen bzw. Einsparungen bei Verlagerung auf die Schiene noch erheblich höher sein werden.

Die Modellannahme besteht darin, daß jede der betrachteten Lkw-Fahrten auf die Rollende Landstraße der Deutschen Bundesbahn verlagert wird, d.h. der Lkw wird auf einen Tiefladewagen gefahren und der Fahrer begleitet den Transport im Reisezugwagen/Liegewagen. Es werden Fahrten deutscher Lastkraftwagen innerhalb der Bundesrepublik Deutschland und Transitfahrten ausländischer Lkw berücksichtigt. Das Modell geht davon aus, daß die Fahrstrecke jedes Lkw in voller Länge durch die Deutsche Bundesbahn übernommen wird und zusätzlich zwischen 50 und 100 km Fahrt auf Straßen für An- und Abfahrt zum Verladebahnhof angesetzt werden (für deutsche Lkw im Binnenverkehr innerhalb der BRD, je nach Modellvariante). Unter diesen Annahmen werden die Kosten des Transports auf der Rollenden Landstraße bestimmt und in Form einer Ressourcen-Bilanz mit den Kosten des Straßengüterfernverkehrs verglichen.

1. Vorstellung des Ressourcen-Bilanz-Modells

1.1. Ziele und Festlegungen

Die vorliegende Studie hat das Ziel, den Ressourcenverbrauch durch den Güterfernverkehr zu quantifizieren. Dabei wird der Verbrauch von Ressourcen in Form von Kostenfaktoren zusammengestellt, diese werden kompatibel gemacht und auf die betrachteten Transporteinheiten bezogen. Auf diese Weise wird es möglich, den Ressourcenverbrauch des Güterfernverkehrs mit Lastkraftwagen in der Bundesrepublik Deutschland zu vergleichen mit dem Ressourcenverbrauch, der für den Transport der gleichen Gütermenge auf der Rollenden Landstraße der Deutschen Bundesbahn entstehen würde.

Zu den Ressourcen wird die für den Transport direkt verbrauchte Energie gerechnet, also Treibstoffe, elektrische Energie usw., der Materialverbrauch durch Abnutzung an den Fahrzeugen und an den Verkehrswegen sowie Materialverbrauch für Ausbau und Erweiterung von Verkehrswegen. Insbesondere werden auch Ressourcenvernichtung durch Umweltschädigung und Verkehrsunfälle erfaßt.

1.2. Modellvarianten

Folgende Modellvarianten werden betrachtet:

Grundvariante
Der gesamte Straßengüterfernverkehr mit einer Fahrleistung von mindestens 500 km je Fahrt auf dem Gebiet der BRD wird auf die Rollende Landstraße der Deutschen Bundesbahn verlagert.

Variante 400
Zusätzlich wird der gesamte Straßengüterfernverkehr mit einer Fahrleistung von mindestens 400 km je Fahrt auf dem Gebiet der BRD auf die Rollende Landstraße der DB verlagert.

Variante 300
Zusätzlich wird der gesamte Straßengüterfernverkehr mit einer Fahrleistung von mindestens 300 km je Fahrt auf dem Gebiet der BRD auf die Rollende Landstraße der DB verlagert.

1.3. Diskussion des Untersuchungsansatzes

Der Grundsatz der Studie liegt darin, daß der Ressourcenverbrauch des Straßengüterfernverkehr in den betrachteten Entfernungsintervallen verglichen wird mit dem Ressourcenverbrauch des gleichen Verkehrs unter Benutzung der Rollenden Landstraße. Entsprechend der bei der DB üblichen Terminologie heißt das, daß der Lkw einschließlich Fahrer auf der Bahn transportiert wird. Diese Methode der Verlagerung ist zwar wegen der hohen Totlasten (die Lkw) im Kostenvergleich ungünstiger als die anderen gängigen Methoden, etwa Verladung von Sattelanhängern, Wechselbehältern, Containern oder kleinerer Ladungseinheiten. Dafür ist die Rollende Landstraße aber in hohem Maße verbraucherfreundlich, da die Transportgeschwindigkeit von Haus zu Haus zumindest perspektivisch gleich denen des reinen Lkw-Verkehrs sein können und die Kosten für Verladeeinrichtungen der Rollenden Landstraße gering sind.

Durch den Grundansatz ergibt sich, daß alle drei Varianten im wesentlichen lohnkostenneutral arbeiten - abgesehen von zusätzlichen Kosten für Zugbegleiter usw. - aus dem Bereich der DB. Hier ist aber der Effekt für den Arbeitsmarkt zu berücksichtigen, der im übrigen noch stärker beim Bau von Verladeeinrichtungen mit Infrastruktur (Aufenthaltsräume, Restauration, etc.) und beim Bau und bei der Beschaffung zusätzlichen rollenden Materials für die DB ins Gewicht fallen würde. Die erste Argumentation führt dazu, daß Lohnkosten in den Ansatz nicht aufgenommen werden. Die beschäftigungspolitische Komponente würde den Ansatz des Ressourcen-Bilanz-Modells sprengen und wird deswegen vernachlässigt.

Das Modell erlaubt keine prognostischen Aussagen über die Entwicklungen von Verkehrsaufkommen in dem betrachteten Bereich. Ebensowenig wurden Preisveränderungen, d.h. im allgemeinen Kostensteigerungen aufgenommen.

Des weiteren wurden vorliegende Angaben über Hauptverkehrsströme des Güterfernverkehrs, Auslastungen und Unsymmetrien bestimmter Relationen nicht aufgenommen, da das für den ersten Überblick über die Ressourcen-Bilanz von nachgeordnetem Interesse ist. Andererseits liefert das hohe (und gemäß allen Prognosen noch steigende) Aufkommen im Straßengüterverkehr die Möglichkeit perspektivisch in sehr vielen Relationen Ganzzüge oder zumindest Halbzüge der Rollenden Landstraße einzurichten.

Schließlich wurden zur Zeit gewährte Steuerermäßigungen für Lkw bei häufiger Benutzung der Rollenden Landstraße nicht in das Modell aufgenommen.

1.4. Diskussion von Voraussetzungen und möglichen Folgewirkungen einer Verlagerung des Straßengüterfernverkehrs auf die Rollende Landstraße

1.4.1. Bereich der DB

Nach Angaben der DB ist die Transportwegekapazität der DB ausreichend für eine erhebliche Steigerung des Verkehrs der Rollenden Landstraße, jedenfalls nach Fertigstellung der Neubaustrecken. Gewisse Engpässe (etwa durch nicht ausreichende Tunnelhöhen) müßten beseitigt werden. Ebenso wäre der Bestand von Lokomotiven vorerst ausreichend, geeignetes Wagenmaterial (Tieflader) müßte beschafft werden, da das vorhandene Material bereits jetzt voll ausgelastet ist. Eine solche Maßnahme könnte zu einer weiteren Verbesserung der Ertragslage der DB führen. Die Frage der Zuschußverteilung Straßenverkehr-Schienenverkehr hängt damit allerdings eng zusammen. Darüber hinaus könnte diese Maßnahme auch zum Ausbau und zur Erneuerung und

Verdichtung von Gleisanlagen beitragen, was den Dienstleistungsaufgaben der DB insgesamt zugute käme. Positive Auswirkungen auf andere Leistungen der Bahn (etwa zusätzliche PKW-Reisezugverbindungen, zusätzliche Schlafwagenverbindungen) könnten diskutiert werden.

Allerdings müßte der Komfort für die Lkw-Fahrer gegenüber dem Iststand der Rollenden Landstraße erheblich gesteigert werden. Das betrifft die Infrastruktur der Verladebahnhöfe (Aufenthalts- und Ruheräume, Duschen und Sanitäranlagen, Restauration) und auch den Komfort der Liege- bzw. Schlafwagen. Hier wären Aufenthaltsräume, Restauration oder Kochgelegenheit, Duschen und zumutbare Schlafkabinen nötig.

1.4.2. Bereich des Straßengüterverkehrs

Kurzfristig braucht hier keine grundlegende Veränderung einzutreten. Eine derartige Maßnahme würde betriebswirtschaftlich gesehen für die Spediteure kostenneutral sein. Längerfristig würden sich vermutlich Auswirkungen auf die Fuhrparks ergeben. Außerdem würde der Einsatz von direkt verladbaren Wechselbehältern steigen. Dadurch würden für die Ressourcenbilanz nochmals erhebliche Einsparungen die Folge sein.

1.4.3. Konsequenzen für die Beschäftigten

Eine solche Maßnahme muß in der Feinorganisation an den Bedürfnissen der Beschäftigten, hier im wesentlichen der Lkw-Fahrer orientiert werden. Infrastruktur der Verladeeinrichtungen und Ausstattung der Liegewagen*) wurden bereits erwähnt. Erhebliche Anstrengungen müßten auf die Gestaltung der Fahrpläne verwandt werden, um zu vermeiden, daß durch ungünstige Verkehrszeiten die Vorteile für die Fahrer wieder aufgehoben werden.

*) Die Österreichische Bundesbahn hat bereits drei speziell eingerichtete Liegewagen etwa entsprechend den Anforderungen unter 1.4.1. beschafft und sechs weitere bestellt.

1.4.4. Verkehrspolitik

Die Realisierung einer solchen Maßnahme ist natürlich nur im Einklang mit der Verkehrspolitik der Bundesregierung möglich. Aus anderen Ländern liegen Erfahrungen für eine solche Politik vor. So wird seit vielen Jahren in der Schweiz das Ziel der Verlagerung des Lkw-Verkehrs auf die Schiene verfolgt, z. T. mit sehr rigiden Maßnahmen, z.B. durch Gewichtsbeschränkung, die praktisch Anhänger für Lkw unmöglich machen u. ä.. Seit einiger Zeit geht auch Österreich einen ähnlichen Weg. Für die Verkehrspolitik der Bundesregierung würde dann der Berlin-Verkehr noch eine besondere Rolle spielen.

1.5. Eigenschaften des Modells

Durch die feine Aufgliederung der Einzelbestandteile lassen sich Veränderungen, sowohl was die Grunddaten und insbesondere was Kenntnisse über bisher nicht direkt zu bestimmende Kosten betrifft, in das Modell aufnehmen. Damit sind vor allem genauere Aussagen über Folgekosten durch Umweltschäden, Verkehrsunfälle und Straßenbau gemeint. Dafür sind jedoch Detailuntersuchungen erforderlich, die hier nicht geleistet werden können.

Weiterhin erlaubt die Struktur des Modells Sensitivitätsanalysen der verwendeten Daten durchzuführen und Einflüsse einzelner Modellkomponenten darzustellen.

Für Planungszwecke erlaubt das Modell auch, die stufenweise Verlagerung des Straßengüterfernverkehrs auf die Eisenbahn (Rollende Landstraße) zu simulieren, z. B. als erster Schritt 50 % Verlagerung des Straßengüterfernverkehrs über 500 km je Fahrt (linearer Ansatz).

1.6. Ergebnisse des Ressourcen-Bilanz-Modells

Bei einer Verlagerung des Straßengüterfernverkehrs auf die Rollende Landstraße der Deutschen Bundesbahn ergeben sich mögliche Ressourceneinsparungen zwischen ca. 3 Mrd. und 6 Mrd. DM pro Jahr je nach Wahl der drei betrachteten Varianten. Diese Zahlen sind gesamtwirtschaftlich zu verstehen, sind als solche aber eher zu niedrig angesetzt, da an vielen Stellen des Modells im Zweifel immer die niedrigen Werte gewählt werden. Das betrifft besonders die Kosten und Folgekosten für Umwelt- und Unfallschäden, die verläßlich wohl erst in einigen Jahren oder gar Jahrzehnten bekannt sein werden - und auch dann nicht eindeutig auf bestimmte Verursachergruppen zurückführbar sein dürften.

Um einen Vergleich der Größenordnungen zu ermöglichen: im Bundesverkehrswegeplan 1985 sind für die Bundesbahn Investitionszuschüsse von 34 Mrd. DM für den Zeitraum von 1985 bis 1995 vorgesehen, d. h. 3,4 Mrd. DM jährlich bei linearer Aufteilung. Es ergibt sich also, daß dieser Ansatz verdoppelt oder sogar verdreifacht werden könnte, wenn das dargestellte Modell realisiert und die Ressourceneinsparung mit der gewählten Bewertung dem Etat der Bundesbahn zur Verfügung gestellt würde. Als weitere Vergleichszahlen: Die Fremdmittelneuaufnahme der Deutschen Bundesbahn betrug 1985 etwa 4,1 Milliarden DM, ebenso das Defizit im Personen-Nahverkehr.

1.7. Zur Literatur

Fast alle hier benutzten Zahlen und Daten stammen aus "Verkehr in Zahlen 1984", herausgegeben vom Bundesminister für Verkehr im September 1984, zitiert als ViZ '84. An einigen Stellen mußten genauere Angaben aus der weiteren Literatur herangezogen werden. Dabei ergeben sich gelegentlich Unterschiede in den Bezugsgrößen. In solchen Fällen werden grundsätzlich die Bezugsgrößen aus ViZ '84 gewählt. Die Literatur insgesamt betrifft und beleuchtet das Thema unter ganz unterschiedlichen Aspekten. Nicht alle aufgeführten Titel haben direkte Beziehungen zur vorliegenden Untersuchung. Im Text benutzte Literatur wird an den entsprechenden Stellen zitiert.

2. Kostenfaktoren des Straßengüterverkehrs

Die Kosten des Straßengüterverkehrs werden in einem Ressourcenvektor zusammengefaßt

$$R = (a, an, b, c, d).$$

Damit sind alle Kosten erfaßt, die in die Modellrechnung aufgenommen werden.

Zur Bestimmung einiger Komponenten des Ressourcenvektors wird der prozentuale Anteil des Energieverbrauchs durch den Straßengüterverkehr am Energieverbrauch des Straßenverkehrs insgesamt benutzt.

2.1. Definition

Ressourcen Vektor

R = (a, an, b, c, d)

a : = Transportkosten in DM/km
(Ressourcenverbrauch: Treibstoff, Öl, Reifen, Wartung)

an : = Abnutzung in DM/km
anstelle von Amortisation, Zinsverlusten etc. (entspricht in etwa dem Material-/Rohstoff-Verbrauch des rollenden Materials)

b : = Umweltfaktor in DM
Umweltschäden, verursacht durch Lkw-Verkehr insgesamt bestimmt aus den Umweltschäden, verursacht durch den Straßenverkehr in der BRD.

c : = Verkehrsunfallkostenfaktor in DM
verursacht durch den Lkw-Verkehr insgesamt bestimmt aus den Unfallkosten, verursacht durch den gesamten Straßenverkehr in der BRD.

d : = Verkehrswegekostenfaktor in DM
verursacht durch den Lkw-Verkehr insgesamt bestimmt aus den Aufwendungen für Verkehrswege bezogen auf den gesamten Straßenverkehr in der BRD.
Enthält insbesondere
rp: = Straßenreparaturkosten
nb: = Straßenneubaukosten
ls: = Lärmschutzkosten
vf: = Kosten für verbrauchte Verkehrsfläche.

2.2. Energieverbrauch (1983)

Kraftstoffverbrauch (VIZ'84, S. 254) im Straßenverkehr
49,6 Mio. t SKE*

davon Straßengüterverkehr (Nah- und Fernverkehr)
11,5 Mio. t SKE

Der Straßengüterverkehr verbraucht 23% der Energie, die insgesamt im Straßenverkehr umgewandelt wird.

Im Vergleich dazu (VIZ '84, S. 248)

Gesamtenergieverbrauch	236,4	Mio. t SKE
davon Industrie	75,7	" " "
Haushalte	104,4	" " "
Verkehr insgesamt	56,3	" " "
davon Schienenverkehr	1,96	" " "

Diese Zahlenangaben werden im folgenden nicht benutzt, sie dienen hier nur dazu, Größenordnungen zu verdeutlichen.

* SKE = Steinkohleeinheiten

2.3. Numerische Bestimmung der Komponenten des Ressourcenvektors R

Bei der numerischen Bestimmung müssen unterschiedliche Voraussetzungen für die einzelnen Komponenten beachtet werden.

a = Transportkosten
Diese können aus den vorliegenden Unterlagen direkt abgelesen werden, sie hängen nicht von der Jahreslaufleistung des Lkw oder anderen durch das Modell veränderte Bedingungen ab. Eine mögliche Beeinflussung durch eine veränderte Art der Verschmutzung oder erhöhte Gefahr der Beschädigung durch den Bahntransport konnte nicht berücksichtigt werden.

an = Abnutzung
Diese Kosten können den Unterlagen entnommen werden. Sie werden auf den km umgerechnet. Hier besteht Abhängigkeit von der Jahreslaufleistung. Es werden zwei Werte ermittelt, die durch die später eingeführten Anpassungsfaktoren in Beziehung gesetzt werden.

b = Umweltfaktor
Diese Kosten beruhen z.T. auf sehr groben Schätzungen, die sich auch noch sehr schnell ändern, entsprechend dem sich verstärkenden Umweltbewußtsein in der Gesellschaft, aber auch wegen des deutlicheren Auftretens von Schäden durch Umweltbelastung. Diese sehr pauschalen Grundkosten können mit den vorliegenden Untersuchungen sehr gut für den Lkw-Verkehr aufgeschlüsselt werden. Besondere Probleme sind im Anschluß an die numerische Bestimmung in 2.3.3. genannt.

c = Verkehrsunfallkostenfaktor
Die vorliegenden Kostenschätzungen beziehen sich auf den Straßenverkehr insgesamt. Um den Lkw-Anteil zu bestimmen, wird Proportionalität zum Energieverbrauch angenommen. Besondere Probleme werden im Anschluß an die numerische Bestimmung in 2.3.4. angeführt.

d = Verkehrswegekostenfaktor
Auch hier beziehen sich die vorliegenden Kostenschätzungen (es werden die Ansätze in den Bundesverkehrswegeplänen benutzt) auf den Straßenverkehr insgesamt.

Um den Lkw-Anteil zu bestimmen, wird auch hier Proportionalität zum Energieverbrauch angenommen. Aufgrund der vorliegenden Daten ist hier eine genauere Aufschlüsselung nach Neubaukosten, Reparaturkosten, Lärmschutzkosten und Flächenverbrauch, jeweils bezogen auf den Lkw-Verkehr möglich. Diese Aufschlüsselung ist allerdings bedeutungslos für das Modell.

2.3.1.

a = Transportkosten (Variable Kosten) für Lkw

Treibstoff
Motoröl
Reifen
Reparatur
Wartung

Laut Angaben von Mercedes Benz (TRB Nachtrag 1, März 1984)

für 1633 S mit Auflieger 38 t DM 0.688/km

für 1633 16 t mit Hänger 22 t DM 0.698/km

Es wurde ein durchschnittlicher Verbrauch von 35 l/100 km Treibstoff zugrunde gelegt.
Bei einem durchschnittlichen Steuersatz von DM 0.52/l Treibstoff ergibt sich ein Steueranteil (bezogen auf den Treibstoff) von DM 0.18 pro km, der von den Transportkosten abgezogen wird.
Die Mehrwertsteuer bei den übrigen Kosten wird nicht herausgerechnet.

Transportkosten
a = 0,52 DM/km

Nicht berücksichtigt werden die häufig wechselnden Treibstoffpreise.

2.3.2.

an = Abnutzung

Nach Angaben der Firma Mercedes ergibt sich bei einer Jahreslaufleistung von 130 000 km aus dem Wertverlust nach 5 bis 10 Jahren dividiert durch die km-Leistung in diesem Zeitraum ein Wertverlust

pro km von DM 0,22 (bei 5 Jahren Berechnungsgrundlage)
und DM 0,14 (bei 10 Jahren Berechnungsgrundlage).

Abnutzung an = 0,2 DM/km

Auf der gleichen Berechnungsgrundlage führt der Wertverlust bei Jahreslaufleistung von 50 000 km nach 13 Jahren zu einer erhöhten Abnutzung pro km

0,28 DM/km

Dabei gehen wir davon aus, daß eine Jahreslaufleistung von 50 000 km auch bei Benutzung der Rollenden Landstraße erreicht wird, da von gemischtem Einsatz auf Mittelstrekken (unter 500 bzw. 400 bzw. 300 km) und im kombinierten Verkehr ausgegangen wird.

Um den Wert von an für alle Modellsituationen unverändert lassen zu können, führen wir einen Anpassungsfaktor (Kurzstreckenfaktor) ein, vgl. 3.1., der der erhöhten Abnutzung pro km bei geringerer Jahreslaufleistung Rechnung trägt.

Das Vorstehende liefert den Anpassungsfaktor (Kurzstrekkenfaktor)

$$k = 1,4 .$$

Anmerkung: Die Abnutzung wird anstelle der steuerrechtlich üblichen Abschreibung verwendet, da diese nicht von der Jahreslaufleistung abhängt, was für eine entsprechende Komponente in einem Ressourcen-Bilanz-Modell aber zu fordern ist.

2.3.3.

b = Umweltfaktor - Luftverunreinigung

	Blei	CO	SO_2	NO_2	CH_x	Staub	Summe
MAK-Werte in mg/m^3 [1]	0,1	33	5	9	0[3]	6[4]	
Toxizität [2]	3300	1	6,7	3,7		5,7	
Emssion in Mill t (ViZ '84)	0,0035 (nur Verkehr)	8,2	3	3,1	1,6	0,7	
Gewichtet mit Toxizität	11,55	8,2	20,1	11,5		4,0	55,35
davon Verkehr in %	100	65	3,4	54,6	39	9,4	
dito gewichtet mit Toxizität	11,55	5,33	0,68	6,28		0,38	24,22
davon LKW-Verkehr in % [5]	0	0	62	31	13	75	
dito gewichtet m. Toxizität	0	0	0,42	1,95		0,29	2,66

1) nach Kühn-Birett, Merkblätter für gefährliche Arbeitsstoffe, 25.Erg.Lfg. 11/84

2) $\frac{1}{\text{MAK-Wert}}$, normiert auf CO

3) Da CH_x (Benzo(a)pyren) stark krebserregend gilt, wird kein MAK-Wert angegeben; wir setzen ihn gleich 0. Da jedoch der CH_x Anteil des Lkw-Verkehrs am gesamt CH_x Anteil 5 % beträgt und das auch für die gewichteten Anteile der anderen Schadstoffe gilt, kann vorerst auf eine genauere Diskussion verzichtet werden.

4) Allgemeiner Staubgrenzwert, dieser relativ hohe Wert gilt nur, wenn sichergestellt ist, daß mutagene, krebserzeugende, fibrogene, toxische oder allergieerregende Wirkungen des Staubes nicht zu erwarten sind (nach Kühn-Birett, a.a.O., S. 101).

5) nach: Antwort der Bundesregierung, Drs. 10/1442 und Angaben des BMI (Tagespresse von 6.10.84).

Anteil der durch gesamten Lkw-Verkehr verursachten Luftverschmutzung nach der Gewichtung mit Toxizitäten an der gesamten Luftverschmutzung: 5 % (gerundet).

Gesamtschäden Luftverschmutzung nach OECD-Schätzung für 1982 (nach "Rettet den Wald"): 55 Mrd DM

Umweltschäden durch Lkw-Verkehr

b = 2,67 Mrd DM/Jahr

Anmerkungen zu den Kosten durch Umweltschäden

Probleme:
Blei (nicht vom Verkehr verursacht) und mögliche andere Schadstoffe in ihrem Einfluß auf die Gesamtsumme sind bisher nicht ermittelt.

Die MAK-Werte (= Maximale Arbeitsplatz Konzentration) ändern sich z. T. von Jahr zu Jahr, und werden i. a. immer niedriger angesetzt; spezielle Probleme werden in den Fußnoten 3) und 4) angesprochen.

Grundsätzliches Problem der OECD-Schätzung:
5 Mrd. direkte Schäden durch Luftverschmutzung erscheinen sehr niedrig und sind schlecht begründbar.

50 Mrd. Folgekosten durch Gesundheitsschäden (= 5 % vom Bruttosozialprodukt) sind sehr willkürlich, aber bessere Zahlen liegen z. Zt. nicht vor.

Umweltschäden infolge von Verkehrsunfällen werden z. T. dort erfaßt, sind aber zum Teil auch nicht erfaßbar.

"Sekundäre" Umweltschädigungen, etwa durch Kraftstoff- und Motorenölherstellung, Altöl, Abfallprodukte wie Reifen, Schrott, Straßenbau etc. sind bisher nicht erfaßbar.

2.3.4.

c = Verkehrsunfallkostenfaktor

Schätzung der gesamtwirtschaftlichen Unfallkosten 1983 der Bundesanstalt für den Straßenverkehr (U 4.2 - wu UK 83 - 1/1985)

37,4 Mrd. DM

Laut "Vorfahrt für Arbeitnehmer", S. 55, sind gesamtwirtschaftlich weitere 3 Mrd. DM zu addieren, durch Rechtskosten des Kfz-Verkehrs: 1,7 Mrd. DM sowie ca. 50 % der Kosten für Verkehrspolizei: 1,25 Mrd. DM (diese beiden Zahlen basieren auf dem Jahr 1977 - sie werden unverändert übernommen).

40,35 Mrd. DM werden als gesamtwirtschaftliche Unfallkosten angesetzt. Wir setzen den Anteil der Lkw proportional zu dem im Straßenverkehr von Lkw verbrauchten Energie.

D. H. 23 % durch Lkw-Verkehr verursacht

Verkehrsunfallkostenfaktor durch Lkw-Verkehr

c = 9,3 Mrd. DM

Anmerkung zu den Kosten durch Unfallschäden
Nicht oder nur unzureichend berücksichtigt, weil Daten nicht greifbar:

Unfallhäufigkeit Lkw (laut Angaben des HUK Verbandes wurden im Güterfernverkehr 1981 pro 1000 versicherte Lkw 918 Schäden gemeldet bei einer durchschnittlichen Schadenshöhe von DM 3800,--. Im Vergleich werden auf 1000 Pkw 160 Schäden gemeldet bei einer durchschnittlichen Schadenshöhe von DM 3500,--).
(Ansatzweise durch Proportionalität zu Energieverbrauch modelliert);

Unfälle, an denen Lkw beteiligt sind und zu erheblicher Erhöhung der Schäden beitragen, ohne sie verursacht zu haben;

Schaden an der gesondert versicherten Ladung von Lkw, insbesondere bei Unfällen, an denen andere Kfz nicht beteiligt sind und also keine Haftpflicht eintritt;

Folgeschäden für die Umwelt durch Lkw-Unfälle mit gefährlichen Ladungen.

Gesamtgesellschaftliche Verluste durch Wartezeiten infolge von Staus (mit oder ohne Unfällen).

2.3.5.

<u>d</u> = <u>Verkehrswegekostenfaktor</u>

Nettoausgaben für das Straßenwesen 1983: 20 Mrd. DM (enthält insbesondere Straßenreparatur- und Neubaukosten)

ViZ '84, S. 104

Davon entfallen auf den Lkw-Verkehr 23 %.

Verkehrswegekostenfaktor durch Lkw-Verkehr

d = 4,6 Mrd. DM/Jahr

Aufschlüsselung nach rp, nb, vf, ls

nb+rp (Neubaukosten + Reparaturkosten)
63,4 Mrd. DM (nach Bundesverkehrswegeplan '80 (S. 17) 1981-1990)

Lineare Interpolation: 6,34 Mrd. DM/Jahr
davon 23 % :

1,4582 Mrd. DM/Jahr für Lkw-Verkehr

---

rp (Ersatzinvestitionen für Straßenreparaturkosten) 29,0 Mrd. DM

Lineare Interpolation: 2,9 Mrd. DM/Jahr, davon 23 % :

0,667 Mrd. DM/Jahr für Lkw-Verkehr

---

nb (Neubaukosten)

0,791 Mrd. DM/Jahr für Lkw-Verkehr

---

vf (Verkehrsfläche) 2901,4 km^2 öffentl. Straßen (1981) ohne Ränder (Mittelstreifen, Trenninseln, Banquette, Böschungen usw.)
(VIZ '84, S. 98)
davon

Bundesautobahn	200,5 km^2	+ 90 % f. Rand	= 380,95
Bundesstraße	271,8 km^2	+ 50 % f. Rand	= 407,7
Landesstraße	425,8 km^2	+ 30 % f. Rand	= 553,5
Kreisstraße	380,0 km^2	+ 20 % f. Rand	= 456
Gemeindestraße	1606,9 km^2	+ 10 % f. Rand	= 1767,6
			3565,8

(Die Zuschläge für Ränder sind grobe Schätzungen).

Davon 23 %:

820,1 km^2 Verkehrsfläche für Lkw-Verkehr

Der erhebliche Flächenbedarf für den ruhenden Verkehr ist nicht erfaßt.

ls (Lärmschutz)
Laut Handelsblatt (14./15.9.85) werden jährlich 250 Mill. DM für Lärmschutz ausgegeben;
davon 23 % für Lkw-Verkehr :

57,5 Mill. DM/Jahr für Lkw-Verkehr

(sehr niedrig aufgrund des insgesamt noch weitgehend unzureichenden Lärmschutzes. Die Proportionalität ist problematisch, da auch ohne Lkw-Verkehr Lärmschutz notwendig wäre).

3. Evaluation der Kostenfaktoren des Straßengüterverkehrs

Die in 2. bestimmten Kostenfaktoren sind auf unterschiedliche Einheiten bezogen.

Hier müssen zur Evaluation der Kostenfaktoren die jeweils relevanten km-Leistungen bestimmt werden (für die Komponenten a und an des Ressourcenvektors R) und die prozentualen Anteile des jeweils relevanten Lkw-Verkehrs (für die Komponenten b, c, d des Ressourcenvektors).

Im folgenden werden die benötigten Zahlen für die Grundvariante und die beiden Zusatzvarianten 400 und 300 angegeben. Für alle 3 Varianten werden auch die Restfahrstrecken, die zu berücksichtigen bleiben bei Verlagerung des betrachteten Verkehrs auf die Schiene, bestimmt.

Zunächst wird in 3.1. der Evaluationsvektor definiert. Anschließend werden die Komponenten des Evaluationsvektors für die unterschiedlichen Situationen numerisch bestimmt. Alle wesentlichen Daten sind in 3.4. enthalten, 3.2. und 3.3. stellen nicht direkt zu ermittelnde Daten für 3.4. bereit.

Im Folgenden entsprechen die Indizes

- 5 bzw. 15 der Grundvariante vor bzw. nach Verlagerung auf die Rollende Landstraße;
- 4 bzw. 14 den zusätzlichen Veränderungen bei Anwendung der Variante 400 vor bzw. nach Verlagerung auf die Rollende Landstraße;
- 3 bzw. 13 den zusätzlichen Veränderungen bei Anwendung der Variante 300 vor bzw. nach Verlagerung auf die Rollende Landstraße.

3.1. Definition

Evaluationsvektor

$E_i = (y_i, y_i, p_i, p_i)$ für $i \in \{3,4,5\}$ und

$E_i = (y_i, ky_i, p_i, p_i)$ für $i \in \{13,14,15\}$.

y_i := km-Leistung der Lkw in der BRD (Binnenverkehr und Transitverkehr) mit einer Entfernung von n_i km pro Fahrt mit

$$300 < n_3 \leq 400 < n_4 \leq 500 < n_5$$

Weiter gilt:

$$50 \cdot \# n_3$$

$$75 \cdot \# n_4$$

$$100 \cdot \# n_5$$

wobei * n_i, i = 3, 4, 5 die Anzahl der Fahrten im Binnenverkehr mit n_i km pro Fahrt bezeichnet. Für jede solche Fahrt wird eine Restfahrstrecke für An- und Abfahrt zum Verladebahnhof bei DB-Transport angesetzt, d. h. bei Gesamtentfernungen von 301 bis 400 km, 401 bis 500 km, über 500 km werden als Restfahrstrecke 50 km, 75 km bzw. 100 km angenommen. Für Lkw im Transitverkehr wird keine Restfahrstrecke angesetzt, da bei dem hohen Verkehrsaufkommen in den wichtigsten Relationen eine Abfertigung von Grenzstation zu Grenzstation möglich erscheint.

Es gilt k = 1,4 (vgl. 2.3.2.).

p_i := Prozentualer Anteil des betrachteten Lkw-Verkehrs (d. h. n_i km pro Fahrt i = 3, 4, 5, 13, 14, 15) am gesamten Straßengüterverkehr in der BRD.

3.2. Verkehrsleistungen (1983) in Mrd. tkm (nach ViZ '84, S. 187)

Straßengüternahverkehr	40,2
Straßengüterfernverkehr	85,1
	125,3

Anteil des Straßengüterfernverkehrs
bezogen auf Gesamtstraßengüterverkehr: 67,9 %

Durchschnittliche Nutzlast pro Lkw-Fahrt im Fernverkehr: 14,5 t

(nach Antwort der Bundesregierung Drs. 10/2274 vom 07.11.84)

3.3. Verkehrsleistungen über 500 km Entfernung pro Fahrt (1983)

	501 - 600	601 - 700	701-800	≥ 801	Summe
Verkehrsleistung [1] in Mio t km					
- deutsche Lkw	5846,7	4692,6	1962,4	897,1	13398,8
- ausl. Lkw	2749,2	2113,7	3456,4	4829,3	13148,6
- Summe	8595,9	6806,3	5418,8	5726,4	26547,4
Anteil deutscher Lkw [2] in der Entfernungsstufe	68 %	68,9 %	36,2 %	15,7 %	50,4 %
Anteil deutscher Lkw bezogen auf Lkw über 500 km insgesamt	22 %	17,6 %	7,4 %	3,4 %	50,4 %
Anteil deutscher Lkw in Mrd t km (Prozentsatz von 29,5 t km)	6,49	5,192	2,183	1,003	14.868
Anteil deutscher Lkw in Mrd km (Vorzeile div. durch 14,5, vgl. 3.2.)	0,448	0,358	0,151	0,069	
Anzahl der Fahrten (Vorzeile div. durch 550; 650; 750; 900) in Mio	0,814	0,509	0,201	0,077	1,60

* : Laut Angabe der GdED (Pressedienst o. Datum): 1,3 Mio Lkw Fahrten über 600 km im Binnenverkehr, 835000 Lkw Fahrten im Transitverkehr

1) nach BAG, KBA, Bd LD 26, LA 24

2) Hier wird die Leistung in Mrd t km gemäß ViZ '84, S.225, vgl. 3.4. Spalte 3, Zeile 3 zugrunde gelegt. Die vorstehenden Prozentangaben wurden aus anderen Quellen bestimmt (vgl. Fußnote 1), da in ViZ '84 keine Aufschlüsselung nach Entfernungsstufen bei Entfernungen > 500 km enthalten ist.

3.4. Verkehrsleistungen nach Entfernungsstufen pro Fahrt (1983)

	301 - 400 km	401 - 500 km	> 500 km
Prozentualer Anteil am Güterverkehr [1]	14,7 %	12,6 %	34,6 %
Prozentualer Anteil am Güterverkehr (67,9 % von Vorzeile, vgl. 3.1.)	p_3 = 10 %	p_4 = 8,5 %	p_5 = 23,5 %
Prozentualer Anteil am Gesamtverkehr (23 % von Vorzeile, vgl. 2.1.)	2,3 %	2 %	5,4 %
Leistung in Mrd t km [1]	12,5	10,7	29,5
Anteil in Mrd km (Vorzeile div. durch 14,5 t, vgl. 3.1.)	y_3 = 0,862	y_4 = 0,738	y_5 = 2,034
Anteil deutscher Lkw [1] im Binnenverkehr	73,6 %	71 %	50,4 % *
Anzahl der Fahrten deutscher Lkw im Binnenverkehr in Mio (73,6 % von 0,862) : 350 (71 % von 0,738) : 450	1,813	1,164	1,601 *
Restfahrtstrecke in Mrd km $\left(\frac{\text{Vorzeile}}{1000} \cdot 50; \cdot 75; \cdot 100\,\text{km}\right)$	y_{13} = 0,091	y_{14} = 0,087	y_{15} = 0,1601
Restfahrtleistung in Mrd t km (Vorzeile · 14,5 t)	1,320	1,262	2,321
Anteil der Restfahrtstrecken am gesamten Güterverkehr (Vorzeile div. durch 125 (entspr. 100 %))	p_{13} = 1,1 %	p_{14} = 1,0 %	p_{15} = 1,9 %

[1] ViZ'84 S. 225

* aus 3.3. "Verkehrsleistungen über 500 km Entfernung pro Fahrt."

4. Reduktion der Kostenfaktoren bei Verlagerung auf die Rollende Landstraße

Die veränderte Kostenstruktur bei Verlagerung des Straßengüterfernverkehrs in den betrachteten Entfernungsstufen auf die Bahn (Rollende Landstraße) wird durch den Reduktionsvektor dargestellt.

4.1. Definition

Reduktionsvektor bei Verlagerung auf die Rollende Landstraße (DB)

$V = (r_a, r_{an}, r_b, r_c, r_d)$

r_a : Reduktion der Transportkosten pro km

r_{an} : Reduktion der Abnutzung pro km

r_b : Reduktion des Umweltfaktors

r_c : Reduktion des Verkehrsunfallkostenfaktors

r_d : Reduktion des Verkehrswegekostenfaktors

4.2. Numerische Bestimmung der Komponenten des Reduktionsvektors (r_a, r_{an}, r_b, r_c, r_d) bei Verlegung auf die Rollende Landstraße

Die Komponenten r_a, r_{an}, r_b, r_d des Reduktionsvektors werden proportional angesetzt dem verringerten Energieaufwand, der zum Transport einer Tonne mit der Rollenden Landstraße notwendig ist, verglichen mit dem Transport auf der Straße.

Es beträgt der Energieaufwand bei Lkw-Transport 0,7kwh/tkm; bei Bahntransport 0,13 kwh/tkm[1)]

Es werden unter Einbeziehung der Totlasten folgende Verhältnisse bestimmt:

Wechselbehälter	Sattelanhänger	Rollende Landstraße
1/5	1/4,3	1/3,5

jeweils bezogen auf den Transport auf der Straße.

Daraus ergibt sich:

$$r_a = r_{an} = r_b = r_d = \frac{1}{3,5}$$

Anmerkung: Die pauschale Reduktion proportional zum Energieaufwand ist logisch zu rechtfertigen, wenngleich eine genauere Analyse, insbesondere der Transportkosten und der Kosten durch Abnutzung für entsprechende Einheit bei der Bundesbahn wünschenswert wäre. Allerdings stellt die Bundesbahn zweckdienliche Daten nicht zur Verfügung, so daß die hier gemachte Annahme bis auf weiteres sinnvoll ist.

Es ergeben sich als spezifische Unfallraten bezogen auf eine Milliarde Einheitskilometer (für 1980) [2)]

	Straße	Schiene	Bewertung je Schadensfall in 1000 DM
Unfälle	2.510	61	6,5
Verletzte	746	15	50
Tote	20	3	500

1) J. Fricke, Wie schnell steigt der Energiebedarf, Physik in unserer Zeit 4 (1973) Heft 2, S. 33.

2) K. Häusler, D. Haase, G. Lange, Schienen statt Straßen, Physika Verlag, Würzburg, Wien 1983, S. 81/82

Bewertet man die Unfallschäden gemäß der dritten Spalte, ergeben sich als spezifische Unfallkosten

	Straße	Schiene
Unfälle	16.315	396,5
Verletzte	37.300	750
Tote	10.000	1.500
in 1000 DM	63.615	2.646,5

Daraus ergibt sich:

$$r_c = \frac{1}{24}$$

5. Zusammenstellung der Parameter (numerisch)

5.1. Ressourcenvektor

a = 0,52 DM/km

an = 0,2 DM/km

b = 2,67 Mrd DM/Jahr

c = 9,3 Mrd DM/Jahr

d = 4,6 Mrd DM/Jahr

5.2.1. Evaluationsvektor

y_3 = 0,862 Mrd km/Jahr

y_4 = 0,738 Mrd km/Jahr

y_5 = 2,034 Mrd km/Jahr

y_{13} = 0,091 Mrd km/Jahr

y_{14} = 0,087 Mrd km/Jahr

y_{15} = 0,1601 Mrd km/Jahr

p_3 = 10

p_4 = 8,6

p_5 = 23,5

p_{13} = 1,1

p_{14} = 1

p_{15} = 1,9

5.2.2. Kurzstreckenfaktor

$$k = 1{,}4$$

5.3. Reduktionsvektor

$$r_a = r_{an} = r_b = r_d = \frac{1}{3{,}5}$$

$$r_c = \frac{1}{24}$$

6. Formale Darstellung des Modells

In 6.1. werden die Kosten des Straßengüterfernverkehrs in der Grundvariante (i = 5) und die zusätzlichen Kosten bei Einbeziehung der Variante 400 (i = 4) bzw. der Variante 300 (i = 3) dargestellt.

Dazu wird das Standardskalarprodukt aus dem Ressourcenvektor R (vgl. 2.1.) und dem Evaluationsvektor E_i (vgl. 3.1.), i = 3,4,5 gebildet.

In 6.2. werden die Kosten bei Verlagerung dieses Verkehrs auf die Eisenbahn (Rollende Landstraße) dargestellt.

In 6.2.1. sind die Kosten der Reststrecken $RESTR_i$ (Ab/Anfahrt zum Verladebahnhof) auf der Straße dargestellt, wieder unter Benutzung des Standardskalarproduktes aus dem Ressourcenvektor R (vgl. 2.1.) und dem Evaluationsvektor E_i (vgl. 3.1.), i = 13,14,15, nun unter Erhöhung der Abnutzung gemäß dem Kurzstreckenfaktor k (vgl. 3.1.).

In 6.2.2. werden die Kosten des Verkehrs bei Abwicklung auf der Eisenbahn (Rollende Landstraße) dargestellt. Hier werden grundsätzlich die gleichen Entfernungen wie beim Straßentransport angenommen. Der Ressourcenvektor R wird durch komponentenweise Multiplikation mit dem Reduktionsvektor V (vgl. 4.1.) entsprechend den geringeren Kosten des Schienenverkehrs verändert. Mit diesem veränderten Vektor wird dann wieder das Standardskalarprodukt mit dem Evaluationsvektor E_i, i = 3,4,5 gebildet.

Hierbei bezeichnet

$\langle \, , \, \rangle \; : \mathbb{R}^5 \times \mathbb{R}^5 \longrightarrow \mathbb{R}$

das Standardskalarprodukt.

In 6.3. wird die Ressourcenbilanz dargestellt:

6.3.1. Grundvariante
6.3.2. Variante 400
6.3.3. Variante 300

6.1. Kosten des Lkw-Verkehrs auf der Straße: STR_i

$$STR_i = \langle (a, an, b, c, d), (y_i, y_i, \frac{p_i}{100}, \frac{p_i}{100}, \frac{p_i}{100}) \rangle$$

$$= ay_i + an\, y_i + \frac{bp_i}{100} + \frac{cp_i}{100} + \frac{dp_i}{100} = (a + an)\,y_i + (b + c + d)\,\frac{p_i}{100}, \quad i = 3,4,5 .$$

6.2. Kosten bei Verladung auf die Rollende Landstraße RESTR + SCH

6.2.1. Kosten für Reststrecke auf der Straße $RESTR_i$

$$RESTR_i = \langle (a, an, b, c, d), (y_i, ky_i, \frac{p_i}{100}, \frac{p_i}{100}, \frac{p_i}{100}) \rangle$$

$$= (a + an - k)\,y_i + (b + c + d)\,\frac{p_i}{100}, \quad i = 13,14,15 .$$

6.2.2. Kosten für Strecke auf der Schiene SCH_i

$$SCH_i = \langle (ar_a, an\, r_{an}, br_b, cr_c, dr_d), (y_i, y_i, \frac{p_i}{100}, \frac{p_i}{100}, \frac{p_i}{100}) \rangle$$

$$= (ar_a + r_{an}\, an)\, y_i + (br_b + cr_c + dr_d)\,\frac{p_i}{100}, \quad i = 3,4,5 .$$

6.3. Ressourcenbilanz

6.3.1. Grundvariante

(Gewinn G_5 in der Grundvariante)

$$STR_5 - (RESTR_{15} + SCH_5) = G_5$$

6.3.2. Variante 400

(Gewinn G_4 in der Variante 400)

$$G_5 + STR_4 - (RESTR_{14} + SCH_4) = G_4$$

6.3.3. Variante 300

(Gewinn G_3 in der Variante 300)

$$G_4 + STR_3 - (RESTR_{13} + SCH_{13}) = G_3$$

7. Numerische Auswertung des Modells

Die formale Darstellung des Modells in seinen Varianten (vgl. 6.) zusammen mit den numerisch bestimmten Parametern (vgl. Zusammenstellung in 5.) ermöglicht jetzt die numerische Auswertung

7.1. Grundvariante: Einsparung G_5 = 3,92 Mrd DM

7.2. Variante 400: Einsparung G_4 = 5,28 Mrd DM

7.3. Variante 300: Einsparung G_3 = 6,92 Mrd DM

7.1. Grundvariante (i = 5, i = 15), Verlagerung des Lkw-Verkehrs über 500 km auf die Rollende Landstraße

$$STR_5 = (a + an)y_5 + (b + c + d)p_5 \cdot \frac{1}{100}$$
$$= 0{,}72 \cdot 2{,}034 \cdot 10^9 + (2{,}67 + 9{,}3 + 4{,}6) \cdot 10^9 \cdot 0{,}235$$
$$= 0{,}72 \cdot 2{,}034 \cdot 10^9 + 16{,}57 \cdot 10^9 \cdot 0{,}235$$
$$= 5{,}35843 \cdot 10^9$$

$$RESTR_{15} = (a + kan)y_{15} + (b + c + d)p_{15} \cdot \frac{1}{100}$$
$$= 0{,}8 \cdot 0{,}1601 \cdot 10^9 + 16{,}57 \cdot 10^9 \cdot 0{,}019$$
$$= 0{,}44291 \cdot 10^9$$

$$SCH_5 = (ar_a + r_{an} an)y_5 + (br_b + cr_c + dr_d)p_5 \cdot \frac{1}{100}$$
$$= 0{,}72 \cdot \frac{1}{100} \cdot 2{,}034 \cdot 10^9 \cdot \frac{2{,}67}{3{,}5} + \frac{9{,}3}{24} + \frac{4{,}6}{3{,}5}) \cdot 10^9 \cdot 0{,}235$$
$$= 0{,}9976138 \cdot 10^9$$

$$G_5 = STR_5 - RESTR_{15} - SCH_5 = 3{,}9202924 \cdot 10^9 \text{ (in DM)}$$

7.2. Variante 400 (i = 4, i = 14), zusätzlich Verlagerung des Lkw-Verkehrs zwischen 400 und 500 km auf die Rollende Landstraße

$$STR_4 = (a + an)y_4 + (b + c + d)p_4 \cdot \frac{1}{100}$$
$$= 0{,}72 \cdot 0{,}738 \cdot 10^9 + 16{,}57 \cdot 0{,}086 \cdot 10^9$$
$$= 1{,}95638 \cdot 10^9$$

$$RESTR_{14} = (a + kan)y_{14} + (b + c + d)p_{14} \cdot \frac{1}{100}$$
$$= 0{,}8 \cdot 0{,}087 \cdot 10^9 + 16{,}57 \cdot 0{,}01 \cdot 10^9$$
$$= 0{,}2353 \cdot 10^9$$

$$SCH_4 = (ar_a + r_{an}an)y_4 + (br_b + cr_c + dr_d)p_4 \cdot \frac{1}{100}$$

$$= \frac{0,72}{3,5} \cdot 0,738 \cdot 10^9 + 2,4646428 \cdot 0,086 \cdot 10^9$$

$$= (\frac{0,72}{3,5} \cdot 0,738 + 0,2119592) \cdot 10^9 = 0,3637763 \cdot 10^9$$

$$STR_4 - RESTR_{14} - SCH_4 = 1,3573037 \cdot 10^9$$

$$G_4 = G_5 + STR_4 - RESTR_{14} - SCH_4 = 5,28 \cdot 10^9 \text{ (in DM)}.$$

7.3. Variante 300 (i = 3, i = 13), zusätzliche Verlagerung des Lkw-Verkehrs zwischen 300 und 400 km auf die Rollende Landstraße

$$STR_3 = (a + an)y_3 + (b + c + d)p_3 \cdot \frac{1}{100}$$

$$= (0,72 \cdot 0,862 + 16,57 \cdot 0,1) \cdot 10^9$$

$$= 2,27764 \cdot 10^9$$

$$RESTR_{13} = (a + kan)y_{13} + (b + c + d)p_{13} \cdot \frac{1}{100}$$

$$= (0,8 \cdot 0,091 + 16,57 \cdot 0,011) \cdot 10^9$$

$$= 0,25507 \cdot 10^9$$

$$SCH_3 = (ar_a + r_{an}an)y_3 + (br_b + cr_c + dr_d)p_3 \cdot \frac{1}{100}$$

$$= (\frac{0,72}{3,5} \cdot 0,862 + 2,4646928 \cdot 0,1) \cdot 10^9$$

$$= 0,42379 \cdot 10^9$$

$$STR_3 - RESTR_{13} - SCH_3 = 1,6423907 \cdot 10^9$$

$$G_3 = G_4 + STR_3 - RESTR_{13} - SCH_3 = 6,92 \cdot 10^9 \text{ (in DM)}.$$

8. Literatur

1. Antwort der Bundesregierung, Drs. 10/2274 vom 7.11.84 - Sachgebiet 92 - auf die kleine Anfrage - Drs. 10/2069 -

2. " Bopparder Kreis ": Zukünftige Forschungs- und Entwicklungslinien im kombinierten Verkehr, Bd I., Studiengesellschaft für den kombinierten Verkehr, Frankfurt, o. J.

3. Bundesanstalt für den Güterverkehr - Kraftfahrt Bundesamt, Gemeinsamer Bericht.
Band LA 24, Grenzüberschreitender Fernverkehr ausländischer Lastkraftfahrzeuge 1983,
Band LD 26, Fernverkehr deutscher Lastkraftfahrzeuge 1983

4. Martin Burkhardt, Die gesellschaftlichen Kosten des Autoverkehrs. Bundschuh Druckerei und Verlag GmbH 1980

5. J. Fricke, Wie schnell steigt der Energiebedarf, Physik in unserer Zeit 4 (1973), Heft 2, S. 33

6. Hans-Helmut Grandjot, Analyse des Huckepackverkehrs, Straße-Schiene. Transportkette 15, Studiengesellschaft für den kombinierten Verkehr e.V., Frankfurt 1976

7. E. Haar, S. Merten, F. Prechtl (Hrsg.), Vorfahrt für Arbeitnehmer, Alternativen zur Verkehrspolitik, Verlagsanstalt Courier G.m.b.H., Stuttgart 1983

8. U. Häusler, D. Haase, G. Lange, Schienen statt Straßen, Physica Verlag, Würzburg-Wien 1983

9. N. Kloidt, K. Lange, Die "Rollende Landstraße" - ein verbessertes Angebot im Huckepackverkehr, Die Bundesbahn 11 (1980), 781 - 784

10. Kombi informiert über Huckepack, Frankfurt 1982

11. Deutsche Verkehrszeitung, Sonderbeilage vom 5.6.84, darin:
- C. Seidelmann, "Bopparder Kreis", Forschung und Entwicklung im kombinierten Verkehr (S. 32 - 33)
- Rolf P. H. Posselt, Kombiverkehr KG: Zielkatalog zur weiteren Entwicklung (S. 22 - 23)
- M. Burkhardt, Kombiverkehr KG: Huckepackverkehr braucht mehr Entwicklungsimpulse (S. 30 - 31)

12. Ernst Albrecht Maburger, Die ökonomische Beurteilung der städtischen Umweltbelastung durch Automobilabgase. Buchreihe des Instituts für Verkehrswissenschaft an der Universität zu Köln, Handelsblatt GmbH, Düsseldorf 1974

13. MBB, Aufbau eines Instrumentariums zur Ermittlung und Bewertung des Einflusses ordnungspolitischer Maßnahmen, Stufe I: Containerisierbare Güterströme, Januar 1976

14. Materialien zum Waldsterben - Wirksamkeitsanalyse stickoxidmindernder Maßnahmen, IFEU Bericht 35

15. Prognos, BVWP'85
Aufbereitung globaler Verkehrsprognosen für die Fortschreibung der Bundesverkehrswegeplanung (Untersuchung im Auftrag des Bundesministers für Verkehr, Bonn, FE Nr. 90076/83) von P. Cerwenka, S. Rommerskirchen, Basel, Oktober 1983

16. K. William Rapp, Soziale Kosten der Marktwirtschaft. Fischer alternativ, Fischer 1979

17. 7200 Zentner NOx in zwölf Stunden könnten uns bei einem Tempolimit 100/80 erspart bleiben. Natur 11/84, 23-24

18. Regionale Verflechtung der Güterströme des gewerblichen Binnengüterverkehrs im Entfernungsbereich über 700 km. (Vortrag vor dem Verwaltungsrat der BAG am 16.3.82 in Köln von Verwaltungsoberrat Raff)

19. Soziale Nutzen und Kosten des Verkehrs in der Schweiz. Prognos AG im Auftrag des Stabs der Eidg. Kommission für die schweizerische Gesamtverkehrskonzeption, Basel 1977

20. Studie über die bisherige technische Entwicklung im Huckepackverkehr bei der Deutschen Bundesbahn, IVE Universität Hannover, Hannover 1984

21. Technologie und Politik, rororo Aktuell, Heft 14 : Verkehr in der Sackgasse, Kritik & Alternativen 4531

22. H. Wenger, Strategien für den Huckepackverkehr, Eisenbahntechnische Rundschau 33 (1984) 1/2, 50 - 53

23. 2. Frankfurter Dialog, UD 79/81/1 - 15 x 2, 7. Jahrg. Dez. 81

Diskussionsmaterial der Gewerkschaft der Eisenbahner Deutschlands

1. GdED, Rettet den Wald, unsere Umwelt und die Bahn, 2. S. o. J.

2. Forderungen der GdED für eine umweltfreundlichere Verkehrsgestaltung, 11. S. o. J.

3. Entschließung
   - zum Umweltschutz (P 6)
   - für ein Verkehrskonzept der Vernunft (V 1)
   - zum Schienenpersonennahverkehr in der Fläche (V 2)
   - zur Verbesserung des Verkehrsangebots der Deutschen Bundesbahn (V 3)
   - gegen die Privatisierung von Aufgaben und Leistungen der Bahn (V 5)
   - zur europäischen Verkehrspolitik (V 6)

Beiträge aus Tageszeitungen zum Thema

1. Wie die Lkw unsere Luft verschmutzen, Nordwest Zeitung Oldenburg, 6.10.1984

2. Eisenbahnergewerkschaft: Rettet den Wald, die Umwelt, die Bahn, Unsere Zeit, 11.10.1984

3. Diesel-Lkw nicht umweltfreundlich, Industrie: Kein Patentrezept, Nordwest Zeitung Oldenburg, 16.02.1985

4. Straßengüterverkehr, Handelsblatt Sonderbeilage vom 13.03.1985

5. Die Bundesbahn will sich im Wettbewerb bewähren, Frankfurter Allgemeine Zeitung, 22.03.1985

6. Kritik am "Schrumpfkurs" der Bahn, Nordwest Zeitung Oldenburg, 16.04.1985

7. Die Grünen und die SPD kritisieren die "Fernstraßenbau-Orgie" der Regierung, Handelsblatt, 18.09.1985

Kurzfassung in Einblicke Nr. 5, 1987
(Forschungsjournal der Universität Oldenburg)

Straßengüterfernverkehr oder die Rollende Landstraße

Von Ulrich Knauer

Immer wieder wird in der Öffentlichkeit kontrovers über die Verlagerung von Güterverkehr auf die Bundesbahn diskutiert. Die Befürworter des Straßentransports führen insbesondere Schnelligkeit, Disponibilität und Sicherung von Arbeitsplätzen an. Die Befürworter des Schienentransportes stellen dem gegenüber Sicherheit und Schonung der Umwelt im weitesten Sinne. Kürzlich erhielt diese Diskussion weiteren Antrieb durch die Erhöhung der Gesamtgewichte der Lkw von 38 t auf 40 t. Laut ACE (Automobilclub von Europa) werden dadurch Brückenum- und -neubauten allein im Bereich der Bundesfernstraßen mit einem Kostenaufwand von mindestens 300 Millionen DM pro Jahr erforderlich. Ein neues zusätzliches Argument trat dadurch auf, daß die angebliche Unschädlichkeit von Dieselabgasen, insbesondere Ruß, in Zweifel gezogen wurde.

Ziel dieser Untersuchung war es, die Argumente zu analysieren und zu objektivieren. Auf diese Weise sollten die Kosten des Straßengüterfernverkehrs den Kosten des Transports für die gleichen Gütermengen (einschließlich der Lkw) bei Einbeziehung der „Rollenden Landstraße" der Deutschen Bundesbahn gegenübergestellt werden.

Modellannahmen

Die Modellannahme besteht darin, daß jede der betrachteten Lkw-Fahrten auf die Rollende Landstraße der Deutschen Bundesbahn verlagert wird, d.h. der Lkw wird in einem Verladebahnhof auf einen Tiefladewagen gefahren und der Fahrer begleitet den Transport im Reisezugwagen/Liegewagen. Dies Modell ist für die Spediteure lohnkostenneutral, gefährdet nicht die Arbeitsplätze der Lkw-Fahrer und greift nicht in die Auftragslage und Auftragsstruktur des Speditionsunternehmens ein. Darüber hinaus erfüllt dieses Modell, was Komfort und Schnelligkeit der Transporte angeht, im wesentlichen die gleichen Anforderungen wie der reine Lkw-Transport. Außerdem läßt sich dieses Konzept verhältnismäßig leicht in die Praxis umsetzen. Die bisher im Bereich der Deutschen Bundesbahn existierenden sechs Relationen der „Rollenden Landstraße" lassen sich schrittweise erweitern und die Frequenzen der Zugumläufe entsprechend erhöhen.

Die genannten Vorteile der „Rollenden Landstraße" begründen auch, daß ihr hier gegenüber den anderen üblichen Methoden des kombinierten Verkehrs, etwa Verladung von Sattelanhängern, Wechselbehältern, Containern oder noch kleineren Ladungseinheiten der Vorrang eingeräumt wurde.

Kostenfaktoren

Zur Bestimmung der Kosten der verglichenen Transportarten wird der Verbrauch an folgenden Ressourcen bewertet:

- Verbrauchte Energie, d.h. Treibstoffe, elektrische Energie etc. und Verschleißmaterial
- Abnutzung an den Transportmitteln
- Abnutzung an den Verkehrswegen sowie Ersatz- und Neubaukosten
- Beschädigungen von Personen und Material durch Verkehrsunfälle und Unfallfolgen
- Beschädigungen von Personen und Material durch Umweltbelastungen.

Über die letzten beiden Bereiche liegen nur relativ wenige, unvollständige und zum Teil auch unzuverlässige Daten vor. In Zweifelsfällen wurden die für die Schiene ungünstigeren Werte angesetzt. Deshalb ist bei realistischer Einschätzung davon auszugehen, daß die Schädigungen bei reinem Straßentransport bzw. Einsparungen bei Verlagerung auf die Schiene noch erheblich höher sein werden. Um einen Vergleich der gesamtgesellschaftlich direkt und indirekt anfallenden Kosten im Straßengüterfernverkehr zu ermöglichen, ist in Graphik 1 eine Aufteilung nach den einbezogenen fünf Faktoren angegeben, wie sie aus dem ausgewerteten Datenmaterial folgt. Dabei konnten aufgrund der Datenlage folgende Faktoren nicht berücksichtigt werden

- Stauungskosten, die durch „Produktivitätsausfall" bei den in Staus verwickelten Verkehrsteilnehmern entstehen
- Kostenerhöhung durch Lkw-Beteiligung bei Verkehrsunfällen, die nicht durch Lkw verursacht sind
- Kosten durch Beschädigung von Ladungen der Lkw und Folgekosten davon, die durch die Versicherer der getrennt versicherten Ladung getragen werden
- Beeinträchtigungen von Lebensqualität durch Streß, Ärger usw. bei allen Verkehrsteilnehmern.

Prozentuale Aufteilung der Transportkosten

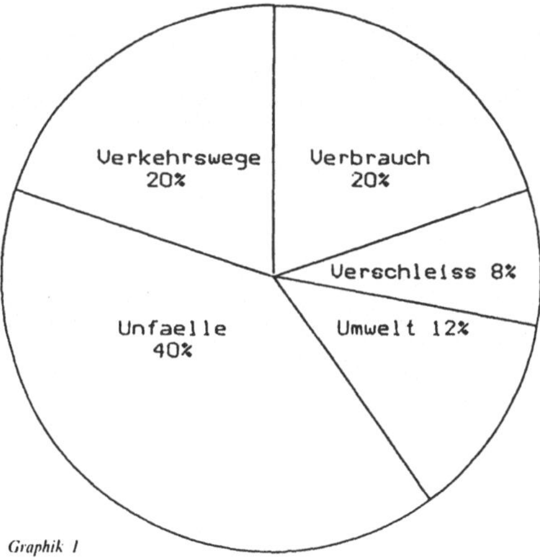

Graphik 1

Verkehrsleistungen nach Entfernungsstufen

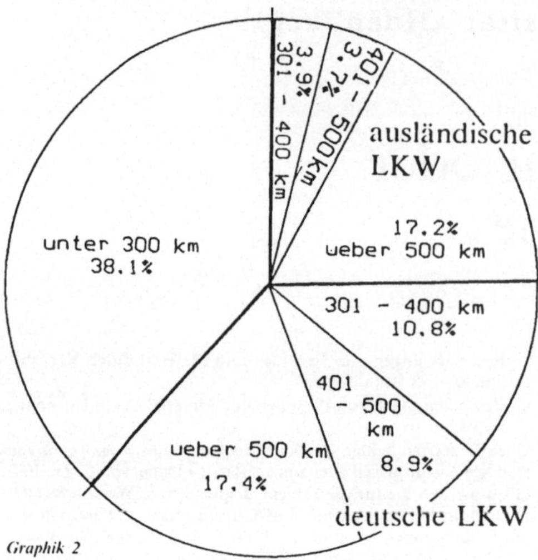

Graphik 2

Untersuchtes Transportvolumen

Es wurden Fahrten deutscher Lastkraftwagen innerhalb der Bundesrepublik Deutschland und Transitfahrten ausländischer Lkw berücksichtigt. Das Modell geht davon aus, daß die Fahrstrecke jedes Lkw in voller Länge durch die Deutsche Bundesbahn übernommen wird und zusätzlich zwischen 50 und 100 km Fahrt auf Straßen für An- und Abfahrt zum Verladebahnhof angesetzt werden (für deutsche Lkw im Binnenverkehr innerhalb der BRD, je nach dem, ob der Transport auf der „Rollenden Landstraße" eine Entfernung von 301 bis 400 km, von 401 bis 500 km oder über 500 km beträgt). Dadurch kann der Tatsache Rechnung getragen werden, daß auch bei einem endgültigen Ausbau der „Rollenden Landstraße" nicht zwei beliebige Orte durch entsprechende Züge verbunden werden können.

Es ist bemerkenswert, daß fast 50 Prozent des Straßengüterfernverkehrs bei Transporten ab 500 km Entfernung auf ausländische Spediteure im Transitverkehr durch die BRD entfällt (siehe Graphik 2). Insgesamt werden bei Entfernungen über 500 km Verkehrsleistungen von 29,5 Milliarden tkm pro Jahr erbracht; 10,7 Milliarden tkm pro Jahr zwischen 401 und 500 km; 12,5 Milliarden tkm pro Jahr zwischen 301 und 400 km. Betrachtet man nur die deutschen Lkw im Binnenverkehr der BRD handelt es sich dabei um

- 1,60 Millionen Fahrten über 500 km;
- 1,16 Millionen Fahrten von 401 bis 500 km;
- 1,81 Millionen Fahrten von 301 bis 400 km.

Ergebnisse

Unter diesen Annahmen werden die Kosten des Straßengüterfernverkehrs für Transporte von über 500 km, über 400 km und über 300 km Entfernung berechnet und in Form einer Ressourcen-Bilanz mit den Kosten bei Benutzung der „Rollenden Landstraße" verglichen. Entsprechend den betrachteten Entfernungsstufen liefern die eingeführten Bewertungen Einsparungsmöglichkeiten von mehr als drei Milliarden DM im ersten Fall bis fast sieben Milliarden DM im dritten Fall jeweils pro Jahr.

Um einen Vergleich der Größenordnungen zu ermöglichen: im Bundesverkehrswegeplan 1985 sind für die Bundesbahn Investitionszuschüsse von 34 Mrd. DM für den Zeitraum von 1985 bis 1995 vorgesehen, d.h. 3,4 Mrd. DM jährlich bei linearer Aufteilung. Es ergibt sich also, daß dieser Ansatz verdoppelt oder sogar verdreifacht werden könnte, wenn das dargestellte Modell realisiert und die Ressourceneinsparung mit der gewählten Bewertung dem Etat der Bundesbahn zur Verfügung gestellt würde.

Für die Bestimmung der Kosten unter Einbeziehung der „Rollenden Landstraße" mußten einige weitere Annahmen gemacht werden, da die Deutsche Bundesbahn derzeit fast keine zweckdienlichen Daten über effektive Kosten, Folgekosten etc. zur Verfügung stellt.

Deshalb wurde grundsätzlich der Ansatz gewählt, für den Anteil des Schienentransports die Kosten im Verhältnis zum Energieverbrauch zu modifizieren. Ausnahme sind hier nur die Unfallkosten, über die etwas bessere Angaben zur Verfügung stehen, zumindest was den Schienenverkehr insgesamt angeht. Um die auftretenden Verhältnisse zu verdeutlichen, werden die Anteile der fünf untersuchten Kostenarten an den Gesamtkosten angegeben, hier bezogen auf 1 km Transportentfernung. Für Lkw wurde von einer durchschnittlichen Beladung von 14,5 t ausgegangen (vergleiche Graphik 3). Entsprechend den Grundannahmen betragen die Ge-

Vergleich der Transportkosten

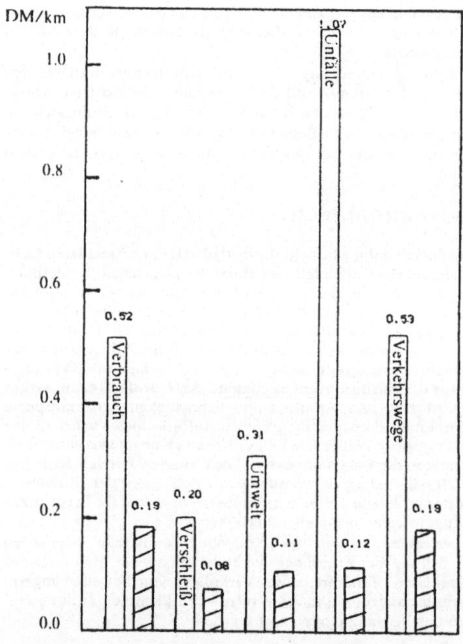

Graphik 3: Gesamtkosten bei reinem Straßenverkehr (▭): 2,63 DM/km, bei Einbeziehung der Rollenden Landstraße (▨): 0,71 DM/km.

samtkosten 2,63 DM pro km bei reinem Straßentransport und sinken auf 0,71 DM pro km bei Einbeziehung der „Rollenden Landstraße" in der Entfernungsstufe ab 500 km.

Eigenschaften des Modells

Mathematisch gesehen wird ein 5-dimensionales Vektormodell untersucht. Der Ressourcenvektor wird mit dem Standardskalarprodukt über einem Evalutionsvektor ausgewertet. Für den Schienentransport wird noch eine komponentenweise Multiplikation mit einem Reduktionsvektor dazwischen geschaltet. Durch die feine Aufgliederung der Einzelkomponenten lassen sich Veränderungen sowohl was die Grunddaten betrifft, wie insbesondere was Kenntnisse über bisher nicht direkt zu bestimmende Kosten betrifft, in das Modell aufnehmen. Damit sind vor allem genauere Aussagen über Folgekosten durch Umweltschäden, Verkehrsunfälle und Straßenbau gemeint. Dafür sind jedoch Detailuntersuchungen erforderlich, die hier nicht geleistet werden konnten. Weiterhin erlaubt die Struktur des Modells Sensitivitätsanalysen der verwendeten Daten durchzuführen und Einflüsse einzelner Modellkomponenten darzustellen. Für Planungszwecke erlaubt das Modell auch die stufenweise Verlagerung des Straßengüterfernverkehrs auf die Eisenbahn (Rollende Landstraße) zu simulieren, z.B. als erster Schritt 20 Prozent Verlagerung des Straßengüterfernverkehrs über 500 km je Fahrt (linearer Ansatz).

Diskussion des Modells und mögliche Folgewirkungen

Nach Angaben der Deutschen Bundesbahn (DB) ist die Transportwegekapazität der DB ausreichend für eine erhebliche Steigerung des Verkehrs der Rollenden Landstraße, jedenfalls nach Fertigstellung der Neubaustrecken. Gewisse Engpässe (etwa durch nicht ausreichende Tunnelhöhen) müßten beseitigt werden. Ebenso wäre der Bestand an Lokomotiven vorerst ausreichend, geeignetes Wagenmaterial (Tieflader) müßte beschafft werden, da das vorhandene Material bereits jetzt voll ausgelastet ist. Eine solche Maßnahme könnte zu einer weiteren Verbesserung der Ertragslage der DB führen. Die Frage der Zuschußverteilung Straßenverkehr-Schienenverkehr hängt damit allerdings eng zusammen. Darüber hinaus könnte diese Maßnahme auch zum Ausbau und zur Erneuerung und Verdichtung von Gleisanlagen beitragen, was den Dienstleistungsaufgaben der DB insgesamt zugute käme. Positive Auswirkungen auf andere Leistungen der Bahn (etwa zusätzliche Pkw-Reisezugverbindungen, zusätzliche Schlafwagenverbindungen) könnten diskutiert werden.

Allerdings müßte der Komfort für die Lkw-Fahrer gegenüber dem Iststand der Rollenden Landstraße erheblich gesteigert werden. Das betrifft die Infrastruktur der Verladebahnhöfe (Aufenthalts- und Ruheräume, Duschen und Sanitäranlagen, Restauration) und auch den Komfort der Liege- bzw. Schlafwagen. Hier wären Aufenthaltsräume, Restauration oder Kochgelegenheit, Duschen und zumutbare Schlafkabinen nötig. Erhebliche Anstrengungen müßte auf die Gestaltung der Fahrpläne verwandt werden, um zu vermeiden, daß durch ungünstige Verkehrszeiten die Vorteile für die Fahrer wieder aufgehoben werden.

Die Realisierung einer solchen Maßnahme ist natürlich nur in Einklang mit der Verkehrspolitik der Bundesregierung möglich. Aus anderen Ländern liegen Erfahrungen für eine solche Politik vor. So wird seit vielen Jahren in der Schweiz das Ziel der Verlagerung des Lkw-Verkehrs auf die Schiene verfolgt, z.T. mit sehr rigiden Maßnahmen, z.B. durch Gewichtsbeschränkungen auf 28 t, die praktisch Anhänger für Lkw unmöglich machen u.ä. Seit einiger Zeit geht auch Österreich einen ähnlichen Weg.

Nicht nur umweltschonender und sicherer, sondern auch billiger, ohne daß Spediteure um ihre Existenz fürchten müßten: die Rollende Landstraße.

Warum beschäftigen sich ausgerechnet Mathematiker mit einem derartigen Problem?

Die hier beschriebene Untersuchung wurde im Jahre 1985 in einer Arbeitsgemeinschaft an der Oldenburger Universität durchgeführt. Die Mitarbeiter waren angehende Diplom-Mathematiker, die unter dem Rahmenthema „Mathematische Modellierung" dieses Ressourcen-Bilanz-Modell des Güterfernverkehrs aufstellten. Der Beruf des Mathematikers ist universell. Diplommathematikerinnen und -mathematiker findet man in praktisch allen Wirtschaftszweigen und größeren Betrieben. Ihre Aufgabe wird meistens grob mit „Mathematischer Modellierung" beschrieben. Dahinter verbirgt sich: Versuch, ein praktisches Problem, egal welcher Art, mit Hilfe mathematischer Methoden zu lösen oder doch wenigstens einer Lösung näher zu bringen. Deshalb ist obiges Problem typisch für die Berufstätigkeit von Mathematikern. Das Problem hat nichts mit Mathematik zu tun, die damit befaßten Mathematiker haben keinerlei Vorkenntnisse, die das Problem betreffen, eine mögliche Lösung hat auch nichts mit Mathematik zu tun, aber es besteht die Möglichkeit, daß für den Lösungsweg Mathematik benutzt wird.

Der Sinn eines solchen Projektes innerhalb der Ausbildung von Mathematikern besteht also darin, konkrete Berufsvorbereitung in der Form simulierter Vorwegnahme von Praxissituationen zu ermöglichen. Die zeitliche Belastung der studentischen Teilnehmer bestand in diesem Falle in einem 1-semestrigen 2-stündigen Seminar mit der entsprechenden Vor- und Nacharbeit.

Perspektiven

Für die weitere Arbeit bestehen zwei Zielrichtungen:

- Aufstellen eines direkten Ressourcenmodells für den Güterfernverkehr unter Einbeziehung der „Rollenden Landstraße" und erneuter Vergleich mit dem Ressourcenmodell des Güterfernverkehrs nur auf der Straße.
- Konkretisierung einer korrespondierenden Verkehrsplanung.

Es gibt bereits Pläne mit Wissenschaftlern anderer Disziplinen für gemeinsame Untersuchungen in den angegebenen Richtungen.

Pressereaktionen

Verkehrsstudio reine Traumtänzerei

Zu dem Bericht „Wenn Laster Bahn fahren würden“: Drei Milliarden gespart“ (NWZ v. 26. 6.) schreibt Jürgen Busch:

Das Forschungsergebnis einer Arbeitsgruppe an der Oldenburger Universität unter der Leitung von Professor Dr. Ulrich Knauer zum Einsparungseffekt im Huckepack-Verkehr ist leider kaum mehr als „Traumtänzerei im wissenschaftlichen Elfenbeinturm“, denn die Studie beschränkt sich offensichtlich ausschließlich auf theoretische Ermittlungen und verkennt dabei alle betriebswirtschaftlichen und volkswirtschaftlichen Einflüsse auf den Verkehrsmarkt. Verkehr ist Dienstleistung, hat sich also nach den Bedürfnissen der Verlader und Empfänger, also der Auftraggeber, zu richten. Und diese entscheiden sich für den Transport per LKW auf der Straße trotz der damit verbundenen Kosten,nicht aus Bequemlichkeit, sondern wegen der unter Würdigung aller Faktoren höheren betriebswirtschaftlichen Effizienz. Kurze Laufzeiten, individuelle Einstellung auf optimale Lade- und Entladezeiten, Erreichbarkeit jedes, auch noch so abgelegenen Ortes im Nachtsprung, dadurch Einsparung von kostenintensiven Zwischenlagerungen und Güterumschlag sind entscheidende Kriterien, die für den Auftraggeber wesentlich mehr zu Buche schlagen als geringfügige Frachteinsparungen.

Die volkswirtschaftlich notwendige Flexibilität der Verkehrsströme kann auch nicht durch ein noch so ausgeklügeltes Huckepack-Angebot der Bundesbahn ersetzt werden. LKW-Verladungen am „nächstgelegenen Bahnhof“ sind aus Rentabilitätssicht reine Illusion. Nicht einmal eine Stadt wie Oldenburg hat heute Anschluß an den kombinierten Verkehr Schiene/Straße, und die Abfahrtszeiten ab dem „nächstgelegenen“ Bahnhof Bremen liegen so ungünstig, daß sie für Lastzüge aus dem Raum Oldenburg nicht nutzbar sind. Die Bundesbahn kann in ihren Hauptstrecken wegen völliger Überlastung derzeit überhaupt keine weiteren Transporte aufnehmen.

Die Kostenrechnung möglicher Einsparungen kann nur Zweifel auslösen. Welche Transporte im Güterfernverkehr laufen schon durchgehend über mehr als 500 km? Es stimmt auch nicht, daß Beiträge zur Vermeidung von Umweltschäden, zu Straßenreparaturen und -neubauten, Unfall- und Gesundheitskosten nicht in der Kalkulation des Spediteurs (gemeint ist wohl der Frachtführer) auftauchen und von der Gesellschaft getragen werden müssen.

Wo Huckepack- und kombinierte Verkehre sinnvoll sind, bestehen sie seit Jahren mit steigender Nachfrage. In der freien Marktwirtschaft sucht sich jede Leistung von selbst den günstigsten Weg und entwickeln sich Angebote, wo Nachfrage besteht. Modellrechnungen der hier kritisierten Art ohne jede Beteiligung der betroffenen Wirtschaftskreise können allenfalls zu theoretischen Erkenntnissen ohne jeden praktischen Bezug und daher in der Regel ohne Verwertbarkeit führen.

Jürgen Busch
August-Wilhelm-Kühnholz-Straße 20
2900 Oldenburg

Modell total praxisfern

Michael Arens nimmt zu dem Bericht „Wenn Laster Bahn fahren würden". Drei Milliarden gespart" (NWZ v. 26. 6.) Stellung:

Als ich den Bericht von Professor Dr. U. Knauer las, wurde mir richtig übel. Da haben elf „blanke Theoretiker" ein Modell entworfen, welches total praxisfern ist. Ich weiß nicht, woher er die Zahlen für das Modell hat, aber bestimmt nicht von einer Spedition. Den Überlegungen fehlt völlig der Bezug zum Realen.

Ich möchte daher kurz auf drei Punkte eingehen. Es ist leider so, daß die Bahn entweder morgens oder abends abfährt, schafft der Fahrer es nicht rechtzeitig, beim Bahnhof zu sein, wartet er 12 bis 14 Stunden bis zur nächsten Abfahrt. Der Unternehmer darf dann dem Fahrer diese Wartezeit in Form von Spesen vergüten, obwohl der LKW keinen Meter rollt. Hinzu kommt das Standgeld für den LKW, das der Unternehmer von niemandem zurückerstattet bekommt. Das sind Kosten, die nicht berücksichtigt wurden.

Hinzu kommt die Risikobereitschaft des Fahrers, die er zum Wochenende eingeht, um den letzten Zug gen Heimat zu erwischen. Denn er möchte kein Wochenende irgendwo stehen, um erst am Montag nach Hause zu fahren. Er fährt also wesentlich schneller und leider auch unkonzentrierter als üblich. Dadurch wächst auch die Unfallgefahr. Der entscheidendste Punkt ist, daß die Preise der Bahn empfindlich höher sind als die Realkosten des LKW für die gleiche Strecke.

Es gäbe noch viel mehr Punkte, auf die ich eingehen könnte. Es würde allerdings einige Blätter Papier mehr kosten. Ich halte die Untersuchung für reine Polemik. Es ist schade, daß sich jetzt auch schon Universitäts-Professoren für so etwas hergeben.

Michael Arens
Schulstr. 29
2907 Ahlhorn

Nordwest-Zeitung 3. 7. 1986

Arbeitsgemeinschaft Mathematische Modelle:

Rollende Landstraße billiger

Umweltschonendes Verfahren spart Milliardenbeträge ein

Einsparungsmöglichkeiten von mindestens drei Milliarden Mark pro Jahr, die Schonung der Umwelt sowie ein höheres Maß an Sicherheit im Straßenverkehr sind möglich, wenn Lastwagen per „Huckepack" von der Bundesbahn für Distanzen ab 500 Kilometer transportiert würden. Transportiert man LkW bereits für Distanzen ab 300 Kilometer auf diese Weise, so steigen die Einsparungsmöglichkeiten sogar auf sechs Milliarden Mark pro Jahr. Das ist das Ergebnis einer Untersuchung der Arbeitsgemeinschaft mathematische Modelle unter der Leitung von Professor Dr. Ulrich Knauer an der Universität Oldenburg. Die Gruppe legte jetzt ihre Modellrechnungen vor.

Die Modellannahme besteht darin, daß Lastwagen auf einen Tieflader gefahren und die Fahrer den Transport in einem Reisezugwagen begleiten bis zu jenem Bahnhof, der dem eigentlichen Ziel am nächsten liegt. Dieses Verfahren ist auf einigen Strecken unter dem Namen „Rollende Landstraße" schon viele Jahre im Angebot der Bundesbahn. Die Schweiz und neuerdings auch Österreich erzwingen diese Transportform für einige Transitstrecken. Das gewählte Modell der „Rollenden Landstraße", so Knauer, sei kostenneutral, gefährde nicht die Arbeitsplätze der LkW-Fahrer und greife nicht in die Auftragslage und Auftragsstruktur der Speditionsunternehmen ein. Darüber hinaus erfülle es, was Komfort und Schnelligkeit der Transporte angehe, im wesentlichen die gleichen Anforderungen wie der reine LkW-Transport.

Zur Bestimmung der Kosten der verglichenen Transportarten wurde der Verbrauch an folgenden Ressourcen bewertet:

- verbrauchte Rohstoffe und Verschleißmaterial
- Abnutzung an Transportmitteln
- Abnutzung an den Verkehrswegen
- Beschädigung von Personen und Material durch Verkehrsunfälle und Unfallfolgen
- Beschädigung von Personen und Material durch Umweltbelastungen.

Über die letzten beiden Bereiche liegen nur unvollständige und zum Teil auch unzuverlässige Daten vor. In Zweifelsfällen wurden deshalb jeweils niedrigere Werte angesetzt. Deshalb müsse, so Knauer, bei realistischer Einschätzung davon ausgegangen werden, daß die Schädigungen bzw. Einsparungen erheblich höher seien.

Darüber hinaus sei eine solche Verlagerung auch schrittweise relativ schnell zu realisieren nach Beschaffung der benötigten Tieflader und der großzügigen Ausdehnung des Angebots der Deutschen Bundesbahn. Stützende verkehrspolitische Maßnahmen erscheinen nach Knauers Aussagen im Lichte des wachsenden Umweltbewußtseins realisierbar.

Nachdrücklich betonte Knaur in diesem Zusammenhang, die „Rollende Landstraße" sei zwar wegen der hohen „Totlasten" im Kostenvergleich ungünstiger als andere gängige Methoden - etwa Verladung von Sattelanhängern, Wechselbehältern, Containern oder kleineren Ladungseinheiten - dafür aber in hohem Maße verbraucherfreundlich, da die Transportgeschwindigkeit von Haus zu Haus zumindest perspektivisch gleich denen des reinen LkW-Verkehrs sein könnten und die Kosten für Verladeeinrichtungen gering seien.

Uni-info 7/86, Zeitung der Universität Oldenburg

»Rollende Landstraße«

Universität legte Modellrechnungen über Huckepack-Verfahren vor

OLDENBURG. Einsparungsmöglichkeiten von mindestens drei Milliarden Mark pro Jahr, die Schonung der Umwelt sowie ein höheres Maß an Sicherheit im Straßenverkehr sind möglich, wenn Lastwagen per »Huckepack« von der Bundesbahn für Distanzen ab 500 km transportiert würden. Transportiert man LKW bereits für Distanzen ab 300 km auf diese Weise, so steigen die Einsparungsmöglichkeiten sogar auf sechs Milliarden Mark pro Jahr.

Das ist das Ergebnis einer Untersuchung der Arbeitsgemeinschaft »Mathematische Modelle« unter der Leitung von Prof. Dr. Ulrich Knauer an der Universität Oldenburg. Die Gruppe legte jetzt ihre Modellrechnungen vor, die darin bestehen, daß Lastwagen auf einen Tieflader gefahren und die Fahrer den Transport in einem Reisezugwagen begleiten, bis zu jenem Bahnhof, der dem eigentlichen Ziel am nächsten liegt.

Dieses Verfahren ist auf einigen Strecken unter dem Namen »Rollende Landstraße« schon viele Jahre im Angebot der Bundesbahn. Die Schweiz, und neuerdings auch Österreich, erzwingen diese Transportform für einige Transitstrecken.

Das gewählte Modell der »Rollenden Landstraße«, so Knauer, sei kostenneutral, gefährde nicht die Arbeitsplätze der LKW-Fahrer und greife nicht in die Auftragslage und Auftragsstruktur der Speditionsunternehmen ein. Darüber hinaus erfülle es, was Komfort und Schnelligkeit der Transporte angehe, im wesentlichen die gleichen Anforderungen wie der reine LKW-Transport.

Zur Bestimmung der Kosten der verglichenen Transportarten wurde der Verbrauch an folgenden Ressourcen bewertet: Verbrauchte Rohstoffe und Verschleißmaterial; Abnutzung an Transportmitteln; Abnutzung an Verkehrswegen sowie Beschädigung von Personen und Material durch Umweltbelastungen.

Über die letzten beiden Bereiche liegen – den Angaben der Universität Oldenburg zufolge – nur unvollständige und zum Teil auch unzuverlässige Daten vor. In Zweifelsfällen wurden deshalb jeweils niedrigere Werte angesetzt. Deshalb müsse, so Knauer, bei realistischer Einschätzung davon ausgegangen werden, daß die Schädigungen bzw. Einsparungen erheblich höher seien.

Nachdrücklich betonte Knauer in diesem Zusammenhang, die »Rollende Landstraße« sei zwar wegen der hohen »Totlasten« im Kostenvergleich ungünstiger als andere gängige Methoden – etwa Verladung von Sattelanhängern, Wechselbehältern, Containern oder kleineren Ladungseinheiten – dafür aber in hohem Maße verbraucherfreundlich, da die Transportgeschwindigkeit von Haus zu Haus zumindest perspektivisch gleich denen des reinen LKW-Verkehrs sein könnten und die Kosten für Verladeeinrichtungen gering seien.

Darüber hinaus sei eine solche Verlagerung auch schrittweise relativ schnell zu realisieren nach Beschaffung der benötigten Tieflader und der großzügigen Ausdehnung des Angebots der Bundesbahn. Stützende verkehrspolitische Maßnahmen erscheinen nach Knauers Aussagen im Lichte des wachsenden Umweltbewußtseins realisierbar. In die Studie wurden, basierend auf Angaben des Bundesverkehrsministeriums, 3,2 Mill. LKW-Fahrten mit je mindestens 500 Kilometern Entfernung oder, dem entsprechend, 26,547 Mrd. Tonnen-Kilometer Transportleistung aufgenommen.

Generalanzeiger (2953 Rhauderfehn) vom 28. 6. 1986

Wenn Laster Bahn fahren würden: Drei Milliarden gespart

Mathematiker stellten Modell vor

EG **Oldenburg.** Im Güterfernverkehr in der Bundesrepublik könnten jedes Jahr drei Milliarden DM gespart werden. Das hat eine Arbeitsgruppe von zehn Mathematik-Studenten der Oldenburger Universität unter der Leitung von Professor Dr. Ulrich Knauer errechnet. Sie entwickelte ein Modell, wonach Lastwagen samt ihrer Ladung bei längeren Entfernungen mit der Bundesbahn billiger transportiert werden.

Mathematiker können erstaunliche Ergebnisse zutage fördern, wenn sie sich aus ihrer geheimnisvollen Welt der Vektoren, Koeffizienten und n dimensionalen Räume in das wirkliche Leben begeben. Die studentische Arbeitsgruppe, die sich der Frage nach einer umweltfreundlichen Alternative im Güterfernverkehr zugewandt hatte, war „selbst überrascht“, als am Ende das Ergebnis von knapp drei Milliarden DM unter dem Strich stand.

Diese Einsparung ist möglich, wenn die Brummis nicht mehr brummen: Bei Entfernungen von mehr als 500 Kilometern sollen die Lastkraftwagen den nächstgelegenen Bahnhof ansteuern und dort auf einen Tieflader fahren. Der Fahrer kann sich dann in den Speisewagen begeben oder auf's Ohr legen, während die Bahn seine Arbeit erledigt. Am Zielbahnhof übernimmt der ausgeschlafene Fahrer wieder das Steuer und bringt die Fracht zum Kunden.

„Dieses Verfahren hätte mehrere Vorteile“, sagte Knauer gestern in Oldenburg:

- Die Kosten für den Kunden bleiben unverändert. Der Transport auf der Bahn ist nicht teurer.
- Der Gewinn für den Spediteur wird nicht geschmälert. Was er der Bundesbahn zu zahlen hat, spart er am Benzin und an Reparaturen wieder ein.
- Das Huckepack-Verfahren gefährdet nicht die Arbeitsplätze der Lastwagenfahrer und verbessert ihre Arbeitsbedingungen.
- Die Auftragslage und Auftragsstruktur der Speditionen bleibt unverändert.
- Komfort und Schnelligkeit entsprechen bei Entfernungen von mehr als 500 Kilometern dem reinen Lastkraftwagen-Transport.

Professor Dr. Ulrich Knauer: „Studenten sollten schon im Studium ihre Kenntnisse auf praktische Probleme anwenden.“ Bild: Gienke

Die Einsparung von drei Milliarden DM pro Jahr kommt zustande, weil die Oldenburger Mathematiker auch volkswirtschaftliche Kosten des Güterverkehrs in ihr Modell einbezogen haben. Dazu gehören zum Beispiel Umweltschäden durch Abgase, Straßenreparaturen und -neubauten, Unfälle und Gesundheitskosten: „Diese Beträge tauchen in der Kalkulation des Spediteurs nicht auf, müssen aber von der Gesellschaft getragen werden.“

Nach dem Modell spart die Volkswirtschaft 1,50 DM je Kilometer, der auf der Bahn statt auf der Straße zurückgelegt wird. Von diesen 1,50 DM entfallen 18 Pfennig auf nicht eingetretene Umweltschäden, 61 Pfennig auf Unfälle, 30 Pfennig auf Abnutzung und Neubau der Straßen, 20 Pfennig auf gesparte Energie und 8 Pfennig auf Abnutzung der Lastkraftwagens. Die Wissenschaftler sind von 3,2 Millionen Fahrten mit mindestens 500 Kilometern pro Jahr ausgegangen.

Die Vorstellung, das Lastautos zu Bahn-Passagieren werden, ist keineswegs Traumtänzerei im wissenschaftlichen Elfenbeinturm: Unter dem Namen „Rollende Landstraße“ ist dieses Verfahren seit einigen Jahren im Angebot der Bundesbahn – allerdings nur auf wenigen Strecken. Die Schweiz und neuerdings auch Österreich erzwingen diese Transportform für einige Transitstrecken. Und in der Europäischen Gemeinschaft soll demnächst das Höchstgewicht für Lastkraftwagen auf 40 Tonnen begrenzt werden.

Der Forschungsbeitrag der Oldenburger Mathematiker sollte nicht nur einen Weg zu einer umweltfreundlicheren Gestaltung des Güterfernverkehrs zeigen, sondern ist auch als Teil der Ausbildung zu verstehen. Knauer: „Wir haben einmal eine praktische Fragestellung untersucht, wie es Mathematiker in Wirtschaft und Industrie täglich müssen.“

Nordwest-Zeitung vom 26. 6. 1986

Mehr LKW auf die Schiene verladen!

Nicht auf Autobahnen und Bundesstraßen, sondern „huckepack“ auf bahneigenen Güterwagen sollen in Zukunft Lastkraftwagen über größere Entfernungen fahren. Dies hat die GdED gefordert und zur Begründung auf die große Straßenentlastung und die beachtliche Schonung der Umwelt sowie auf volkswirtschaftliche Einsparungsmöglichkeiten von jährlich sechs Milliarden DM hingewiesen.

GdED-Vorsitzender Ernst Haar vertrat in diesem Zusammenhang die Auffassung, es sei volkswirtschaftlich unvernünftig, wenn einerseits die bundesdeutschen Straßen und Autobahnen verstopft würden, andererseits eine Verkehrsverlagerung auf die Bahn für die Lkw-Unternehmer kostenneutral sei und für die Bundesbahn zu einer Verbesserung ihrer Ertragslage führe.

Kollege Haar untermauerte seine Aussagen mit einer kürzlich veröffentlichten Studie der Oldenburger Universität, wonach die von unserer Gewerkschaft geforderte Verlagerung des Güterverkehrs von der Straße auf die Schiene weder die Arbeitsplätze der Lkw-Fahrer gefährdet, noch die Auftragslage oder die Auftragsstruktur der Speditionsunternehmen angreift. Ernst Haar forderte die Bundesregierung auf, die von der Bahn angebotene „Rollende Landstraße“ politisch zu unterstützen. Auch die Schweiz und Österreich realisierten beispielhaft diese Transportform für Transitstrecken.

Eine Verlagerung der Lastkraftwagen über weite Entfernungen auf die Schiene ist nach den Worten des GdED-Vorsitzenden relativ schnell zu realisieren. Kollege Haar: „Bei jährlich weit über drei Millionen Lkw-Fahrten mit mindestens je 500 Kilometer Entfernung trägt der angestrebte Bahntransport zusätzlich zu einer Schonung der Umwelt bei, erhöht die Sicherheit im Straßenverkehr und erfüllt nahezu die gleichen Anforderungen wie der reine Lkw-Transport.“

Das Ergebnis der Studie ist klar und eindeutig: Schwere Güter über lange Strecken gehören auf die Bahn. Ma.

Der Deutsche Eisenbahner 9/86, Zeitschrift der GdED

Mathematiker machen eine erstaunliche Rechnung auf:

Milliardenvorteil bei „Rollender Landstraße"

Bei einer konsequenten Verlagerung des Güterfernverkehrs von der Straße auf die Schiene lassen sich in der in der Bundesrepublik pro Jahr drei bis sechs Milliarden Mark einsparen.

Zu diesem Ergebnis sind jetzt Mathematiker der Universität Oldenburg aufgrund umfangreicher Berechnungen gekommen. Wie der Leiter der Arbeitsgruppe „Mathematische Modelle", Prof. Jürgen Knau s, erläuterte, würden dabei weder für Spediteure, LkW-Fahrer oder Verbraucher Nachteile entstehen. Trotz zusätzlicher Investitionen bei der Bundesbahn würden die erheblichen Einsparungen bei den Unfallkosten, beim Verkehrswegebau, beim Energieverbrauch und beim Umweltschutz schwerer wiegen.

Die Modellrechnung geht davon aus, daß der LkW-Verkehr über Entfernungen ab 300 bzw. 500 Kilometern auf die Schiene verlagert wird. Dabei werden die Lastzüge komplett auf Tiefladewagen der Bahn als „Rollende Landstraße gefahren". Als An- und Abreiseentfernung zu den nächstgelegenen Verladestationen werden 100 Kilometer angenommen.

Die Einsparungen durch verringerte Umweltbelastungen werden bei der „Ressourcen-Bilanz-Modellrechnung" nach Knauers Angaben wegen ungenügender Daten bewußt niedrig veranschlagt. Der Energieverbrauch je Kilometer Bahnbeförderung wird von den Wissenschaftlern mit einem Drittel der Straßenbeförderung angesetzt. Zu den volkswirtschaftlichen Vorteilen der „Rollenden Landstraße" kommen nach ihrer Auffassung außerdem gesündere Arbeitsbedingungen für Lastwagenfahrer; der Anreiz für Lenkzeit- und Geschwindigkeitsüberschreitung würde verringert.

Wir 9/86, Zeitschrift für die Mitarbeiter der Deutschen Bundesbahn

Lkw-Huckepack auf der Bahn spart drei Mrd. Mark

Mathematikstudenten der Universität Oldenburg entwickelten Modell für Güterverkehr

EG **Oldenburg/Ostfriesland.** Eine Arbeitsgruppe von zehn Mathematik-Studenten der Oldenburger Universität unter der Leitung von Professor Dr. Ulrich Knauer hat ein Modell entwickelt, nach dem im Güterfernverkehr in der Bundesrepublik jedes Jahr drei Millarden DM gespart werden können. Das Modell sieht vor, daß Lastwagen samt ihrer Ladung bei längeren Entfernungen mit der Bundesbahn transportiert werden.

Mathematiker können erstaunliche Ergebnisse zutage fördern, wenn sie sich aus ihrer geheimnisvollen Welt der Vektoren, Koeffizienten und n-dimensionalen Räume in das wirkliche Leben begeben. Die studentische Arbeitsgruppe, die sich der Frage nach einer umweltfreundlichen Alternative im Güterfernverkehr zugewandt hatte, war „selbst überrascht", als am Ende das Ergebnis von knapp drei Milliarden DM unter dem Strich stand. Diese Einsparung ist möglich, wenn die Brummis nicht mehr brummen: Bei Entfernungen von mehr als 500 Kilometern sollen die Lkw den nächstgelegenen Bahnhof ansteuern und dort auf einen Tieflader fahren. Der Fahrer kann sich dann in den Speisewagen begeben oder auf's Ohr legen, während die Bahn seine Arbeit erledigt. Am Zielbahnhof übernimmt der ausgeschlafene Fahrer wieder das Steuer und bringt die Fracht zum Kunden. „Dieses Verfahren hätte mehrere Vorteile", sagte Knauer gestern in Oldenburg.

Die Kosten für den Kunden bleiben unverändert. Der Transport auf der Bahn ist nicht teurer. Der Gewinn für den Spediteur wird nicht geschmälert. Was er der Bundesbahn zu zahlen hat, spart er am Benzin und an Reparaturen wieder ein. Das Huckepack-Verfahren gefährdet nicht die Arbeitsplätze der Lastwagenfahrer und verbessert ihre Arbeitsbedingungen.

Die Auftragslage und Auftragsstruktur der Speditionen bleibt unverändert.

Komfort und Schnelligkeit entsprechen bei Entfernungen von mehr als 500 Kilometern dem reinen Lkw-Transport. Die Einsparung von drei Milliarden DM pro Jahr kommt zustande, weil die Oldenburger Mathematiker auch volkswirtschaftliche Kosten des Güterverkehrs in ihr Modell einbezogen haben. Dazu gehören zum Beispiel Umweltschäden durch Abgase, Straßenreparaturen und -neubauten, Unfälle und Gesundheitskosten. Diese Beträge tauchen in der Kalkulation des Spediteurs nicht auf, müssen aber von der Gesellschaft getragen werden.

Nach dem Modell spart die Volkswirtschaft 1,50 DM je Kilometer, der auf der Bahn statt auf der Straße zurückgelegt wird. Von diesen 1,50 DM entfallen 18 Pfennig auf nicht eingetretene Umweltschäden, 61 Pfennig auf Unfälle, 30 Pfennig auf Abnutzung und Neubau der Straßen. 20 Pfennig auf gesparte Energie und 8 Pfennig auf Abnutzung der Lkw. Die Wissenschaftler sind von 3,2 Millionen Lkw-Fahrten mit mindestens 500 Kilometern pro Jahr ausgegangen.

Die Vorstellung, das Lastautos zu Bahn-Passagieren werden, ist keineswegs Traumtänzerei im wissenschaftlichen Elfenbeinturm: Unter dem Namen „Rollende Landstraße ist dieses Verfahren seit einigen Jahren im Angebot der Bundesbahn – allerdings nur auf wenigen Strekken. Die Schweiz und neuerdings auch Österreich erzwingen diese Transportform für einige Transitstrecken. Und in der Europäischen Gemeindeschaft soll demnächst das Höchstgewicht Lkw auf 40 Tonnen begrenzt werden. Der Forschungsbeitrag der Oldenburger Mathematiker sollte nicht nur einen Weg zu einer umweltfreundlicheren Gestaltung des Güterfernverkehrs zeigen, sondern ist auch als Teil der Ausbildung zu verstehen. Knauer: „Wir haben einmal eine praktische Fragestellung untersucht, wie es Mathematiker in Wirtschaft und Industrie täglich müssen.

Ostfriesenzeitung vom 26. 6. 1986

Mathematiker zur Verkehrsverlagerung

Milliardenvorteil durch die Rollende Landstraße

Oldenburg/Frankfurt, 30. Juni
Bei einer konsequenten Verlagerung des Güterfernverkehrs von der Straße auf die Schiene lassen sich nach Berechnungen von Mathematikern der Universität Oldenburg in der Bundesrepublik drei bis sechs Mrd. DM pro Jahr einsparen.

Wie der Leiter der Arbeitsgruppe Mathematische Modelle, Professor Jürgen Knauer, am Mittwoch erläuterte, ergeben sich dabei für Spediteure, Lkw-Fahrer und Verbraucher keine Nachteile. Geringfügigen zusätzlichen Investitionen bei der Bundesbahn stünden erhebliche Einsparungen bei den Unfallkosten, im Verkehrswegebau, beim Energieverbrauch und bei der Umweltbelastung gegenüber.

Auf ein positives Echo ist die Arbeit der Oldenburger Arbeitsgruppe bisher bei der Bundesbahn, bei den Schweizerischen Bundesbahnen und bei der Gewerkschaft der Eisenbahner Deutschlands (GdED) gestoßen.

Die Modellrechnung geht davon aus, daß der Lkw-Verkehr auf Entfernungen von mehr als 300 beziehungsweise 500 km auf die Schiene verlagert wird. Dabei werden die Lastzüge komplett auf Tiefladewagen der Bahn als Rollende Landstraße gefahren. Als An- und Abreiseweg zu den jeweiligen Bahnverladestationen werden bis zu 100 km angenommen.

Energieverbrauch sinkt

Die Einsparung durch verringerte Umweltbelastung wird bei dem „Ressourcen-Bilanz-Modell" nach den Angaben Knauers wegen ungenügender Daten bewußt niedrig veranschlagt. Der Energieverbrauch je km Bahnbeförderung wird von den Wissenschaftlern mit einem Drittel der Straßenbeförderung angesetzt.

Zu den volkswirtschaftlichen Vorteilen der Rollenden Landstraße kommen nach Auffassung der Mathematiker außerdem gesündere Arbeitsbedingungen für Lastwagenfahrer, die ihren „Brummi" im Reisezugwagen begleiten. Der Anreiz für Lenkzeit- und Geschwindigkeitsüberschreitungen werde verringert.

DVZ, Deutsche Verkehrszeitung vom 1. 7. 1986

Fotos

Projektgruppe in Köln Eifeltor

Rollende Ladestraße vor dem Beladen

Auffahren 1

Auffahren 2

Auffahren 3

Auffahren 4

Die kleinen Räder sind ein Problem

Rollendes "Hotel" (mehr eine Jugendherberge)

B

Modellierung eines ÖPNV-Netzes

Bericht aus einer Projektveranstaltung im Wintersemester 1987/88

Fachbereich Mathematik
Universität Oldenburg
Carl-von-Ossietzky-Straße

von
Klaus Bücher
Martin Büssenschütt
Herbert Heuermann
Bettje Hoffmann
Ulrich Knauer
Walter Peper
Ilka Schwarze
Norbert Verst

Oldenburg 1989

Inhalt Modellierungsprojekt B

0. Vorwort

Die hier vorliegende Arbeit ist entstanden im Rahmen des Seminars "Mathematische Modelle" im Wintersemester 87/88 am Fachbereich Mathematik an der Carl-von-Ossietzky-Universität Oldenburg.

Wir haben uns ein Semester lang mit dem Projekt Öffentlicher Personennahverkehr (ÖPNV) beschäftigt. Dabei lag unser Hauptaugenmerk auf dem Streckennetz in Oldenburg.

Das Thema ÖPNV gewinnt in letzter Zeit wieder an Bedeutung, in dem Maße, in dem das Verantwortungsbewußtsein für die Umwelt zunimmt. Demgegenüber steht in Oldenburg ein "Pekol"-Netz, das keinen besonders guten Ruf hat:

Schlecht abgestimmte Buslinien, zu selten fahrende Busse, hohe Fahrpreise, unfreundliche Fahrer, das sind Stichworte, die beim Thema ÖPNV in Oldenburg immer wieder fallen, besonders in den Leserbriefen und Satiren der örtlichen Zeitung. Dazu kommt, daß die Anbindung öffentlicher Einrichtungen an das bestehende Liniennetz oft unzureichend ist. Jüngstes Beispiel war die Einführung und Wiedereinstellung der Linie 13, die uns als Uni-Angehörige unmittelbar betraf. Wir haben versucht, unsere Kritik und Ideen mit dieser Arbeit konstruktiv darzustellen und somit Anregungen für Verbesserungen zu geben.

Die Arbeit hat drei Schwerpunkte:

1) Die Verbesserung des bestehenden Liniennetzes durch geringfügige Änderungen in der Linienführung sowie Änderungen bei den Fahrzeiten, so daß in einem Kernbereich ein 10-Minuten-Takt entsteht. Dies Ziel wurde erreicht durch den Mehreinsatz von insgesamt zwei Bussen. Wir haben dabei ein Verfahren entwickelt, die Streckenlängen zu optimieren.

2) Das Aufstellen einer Güteformel als Maß für die Qualität eines Liniennetzes und damit ein Vergleich zwischen dem bestehenden Netz (Winterfahrplan 87/88) und dem von uns entwickelten Liniennetz.

3) Die Verbesserung der Anbindung der Universität an das bestehende Liniennetz, ausgehend von der im Winterfahrplan 87/88 fahrenden Linie 13.

Bei unserer Arbeit haben wir auch die typischen Schwierigkeiten der mathematischen Modellierer erfahren. Als Mathematiker sind wir natürlich keine Fachleute auf dem Gebiet ÖPNV und mußten uns deshalb viele Informationen, oft Kleinigkeiten, mühsam erarbeiten. Zudem war der Geschäftsführer der Verkehr und Wasser GmbH Oldenburg (VWG) nicht an einer Zusammenarbeit interessiert.

Trotzdem haben wir mit (relativ einfachen) mathematischen Ansätzen ein System entwickelt und begründet sowie Vergleichsmaßstäbe bereitgestellt, die unserer Kenntnis nach so bei Verkehrswissenschaftlern nicht bestehen. Es versteht sich beinahe von selbst, daß die entwickelten Verfahren übertragbar sind auf beliebige Systeme des öffentlichen Personennahverkehrs.

Eine große Hilfe war uns ein Besuch bei den Osnabrücker Verkehrsbetrieben. Dort wurden wir herzlich empfangen und unsere Fragen offen und ausführlich beantwortet. Hierfür möchten wir an dieser Stelle unseren Gesprächspartnern in Osnabrück, insbesondere dem Leiter der Verkehrsbetriebe, Herrn Meinel, danken.

1. Zusammenfassung der Ergebnisse

In 2. wird eine Formel zur Bestimmung der optimalen Linienlänge bei vorgegebener Fahrzeugzahl unter Einbeziehung von "Pufferzeiten" entwickelt.

Anwendung: Verlängerung von Linien zur besseren Ausnutzung der benötigten Fahrzeuge. Neukombination von Halblinien zur Optimierung der Längen. Entsprechende Entscheidungen müssen mit Fahrgastbedürfnissen nach direkten Verbindungen vereinbar sein.

In 3. wird ein verändertes Liniennetz für Oldenburg vorgestellt mit einem vergrößerten Bereich, in dem genereller 10-Minuten Takt realisiert ist.

In 4. wird eine Formel entwickelt, die es erlaubt, Veränderungen eines Systems insbesondere in bezug auf Regelmäßigkeit und Häufigkeit zu bewerten. Nach unserer Kenntnis wird eine solche Formel bisher nicht benutzt. In diese Formel geht die Regelmäßigkeit R ein, zu deren Bestimmung zwei unterschiedliche Verfahren dargestellt werden (in 4.1. und 4.2.). Beide Verfahren werden dort auch verglichen.

In 5. haben wir einige allgemeine Anmerkungen zusammengefaßt, die als Anregungen von interessierten Fahrgästen verstanden werden sollen.

In 6. haben wir konkrete Vorschläge zur Gestaltung einer Uni-Linie vorgelegt. Dieser Teil wurde bereits im Uni Info veröffentlicht (6/88) und wird hier unverändert abgedruckt.

2. Optimale Streckenlängen

In diesem Abschnitt wird untersucht, wie eine vorgegebene Anzahl von Bussen unter Berücksichtigung von Puffer- und Pausenzeiten optimal ausgenutzt wird.

Problemstellung: Eine Strecke der Länge S (gemessen in Minuten) wird im Takt T (in Minuten) befahren.

Streckenlänge S
|-----------------------------------|
Endhaltestelle 1 Endhaltestelle 2

An beiden Endhaltestellen soll ein Zeitpuffer $\frac{P}{2}$ (in Minuten) eingehalten werden, um Verspätungen abzufangen.

Der vorgesehene Zeitpuffer P ist gesetzlich nicht vorgeschrieben. Falls unter betrieblichen Bedingungen eine Pufferzeit nicht erforderlich ist, kann P = 0 gesetzt werden. Es gibt Verkehrsbetriebe, in denen solche Pufferzeiten Gegenstand von Betriebsvereinbarungen sind (z.B. in Kassel).

Grundsätzlich wird nach einmaligem Hin- und Rückfahren an der Endhaltestelle 1 eine Pause gemacht. Die Pausenzeit wird als ein Sechstel der Fahrtzeit berechnet, muß aber mindestens 10 Minuten betragen, also:

$$\text{Pausenzeit:} \begin{cases} 10 & , \text{ falls } \frac{2\left(S+\frac{P}{2}\right)}{6} \leq 10 \\ \frac{2\left(S+\frac{P}{2}\right)}{6} & , \text{ falls } \frac{2\left(S+\frac{P}{2}\right)}{6} > 10 \end{cases}$$

Insgesamt ergibt sich damit als Formel für die Berechnung der Anzahl der benötigten Busse B in Abhängigkeit von der Streckenlänge S bei vorgewähltem Puffer P und Takt T:

$$B = \begin{cases} \frac{2S+P+10}{T} = \left(\frac{2}{T}\right) S + \frac{P+10}{T} & , \text{ falls } \frac{2S+P}{6} \leq 10, \\ & \text{d.h. } S \leq 30 - \frac{P}{2} \\ \frac{2S+P+\frac{2S+P}{6}}{T} = \left(\frac{7}{3 \cdot T}\right) S + \frac{7 \cdot P}{3 \cdot T} & , \text{ falls } S > 30 - \frac{P}{2} \end{cases}$$

Nach S aufgelöst ergibt sich:

$$(*)\ S = \begin{cases} \frac{T}{2} \cdot B - \frac{P+10}{T} & , \text{ falls } B \leq \frac{70}{T} \\ \frac{3 \cdot T}{7} \cdot B - \frac{P}{2} & , \text{ falls } B > \frac{70}{T} \end{cases}$$

S Streckenlänge in Minuten
P Pufferzeit in Minuten bezogen auf 2 S (Hin- und Rückfahrt)
T Taktzeit in Minuten
B Anzahl der benötigten Busse B(S,T,P)

Die Formel (*) liegt den Säulendiagrammen zugrunde, aus denen man jeweils zu einer Anzahl von Bussen die längste Strecke ablesen kann, die mit dieser Busanzahl unter den oben beschriebenen Bedingungen (also mit Einhalten von Puffern und Pausenzeiten) bedient werden kann. Die berechneten Werte sind für die Praxis geeignet zu runden.

Beispiel: Die Linie 10 fährt im 30-Minuten-Takt und wird mit 4 Bussen bedient. Aus dem Säulendiagramm liest man eine optimale Streckenlänge von 49,4 Minuten ab (bei 4 Minuten Puffer). Also kann die Linienführung, die derzeit 44 Minuten lang ist, um 5 Minuten verlängert werden, etwa durch Weiterführung über die jetzige Endhaltestelle hinaus.

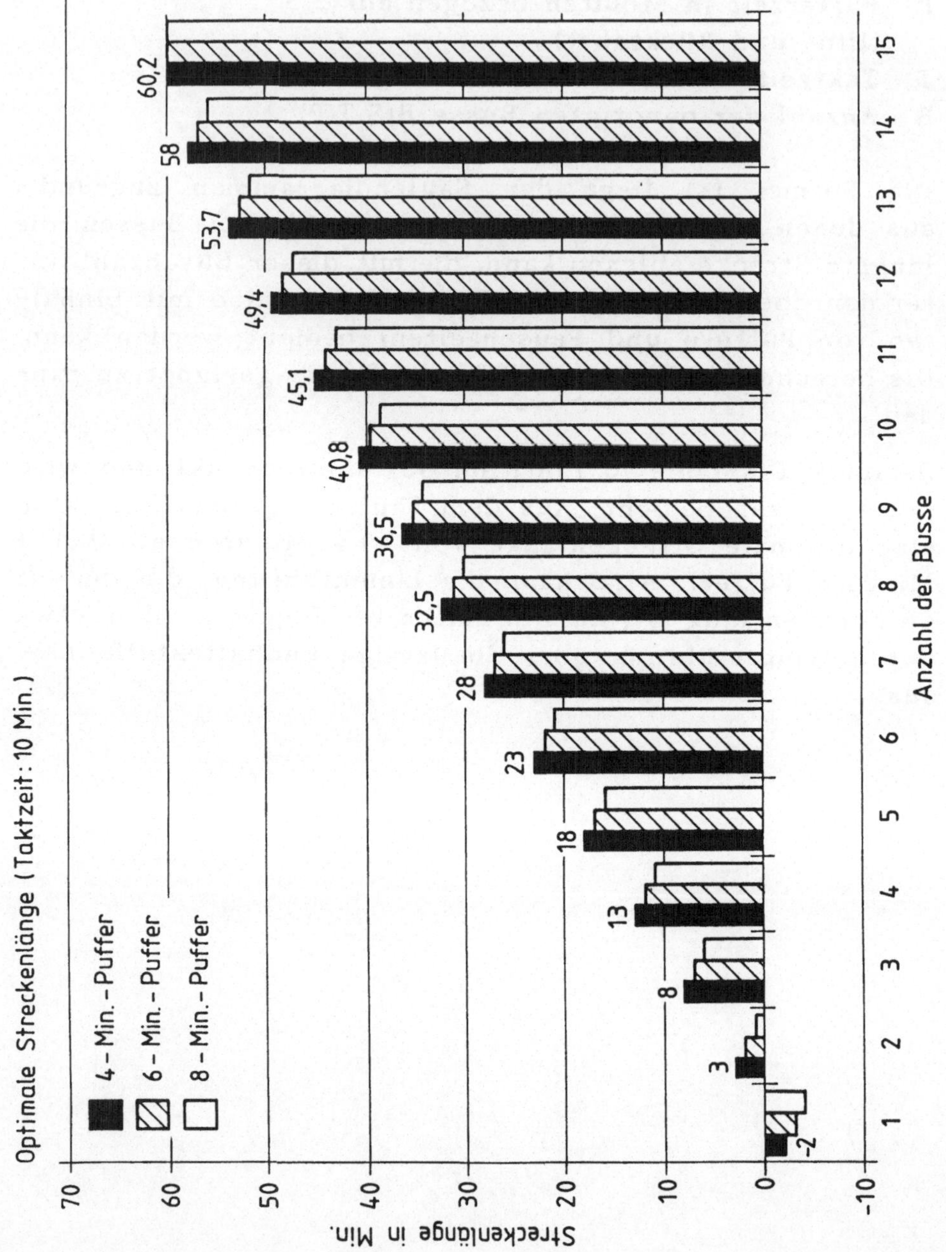
Optimale Streckenlänge (Taktzeit: 10 Min.)
4-Min.-Puffer
6-Min.-Puffer
8-Min.-Puffer
Streckenlänge in Min.
70
60
50
40
30
20
10
0
-10
-2
3
8
13
18
23
28
32,5
36,5
40,8
45,1
49,4
53,7
58
60,2
1 2 3 4 5 6 7 8 9 10 11 12 13 14 15
Anzahl der Busse

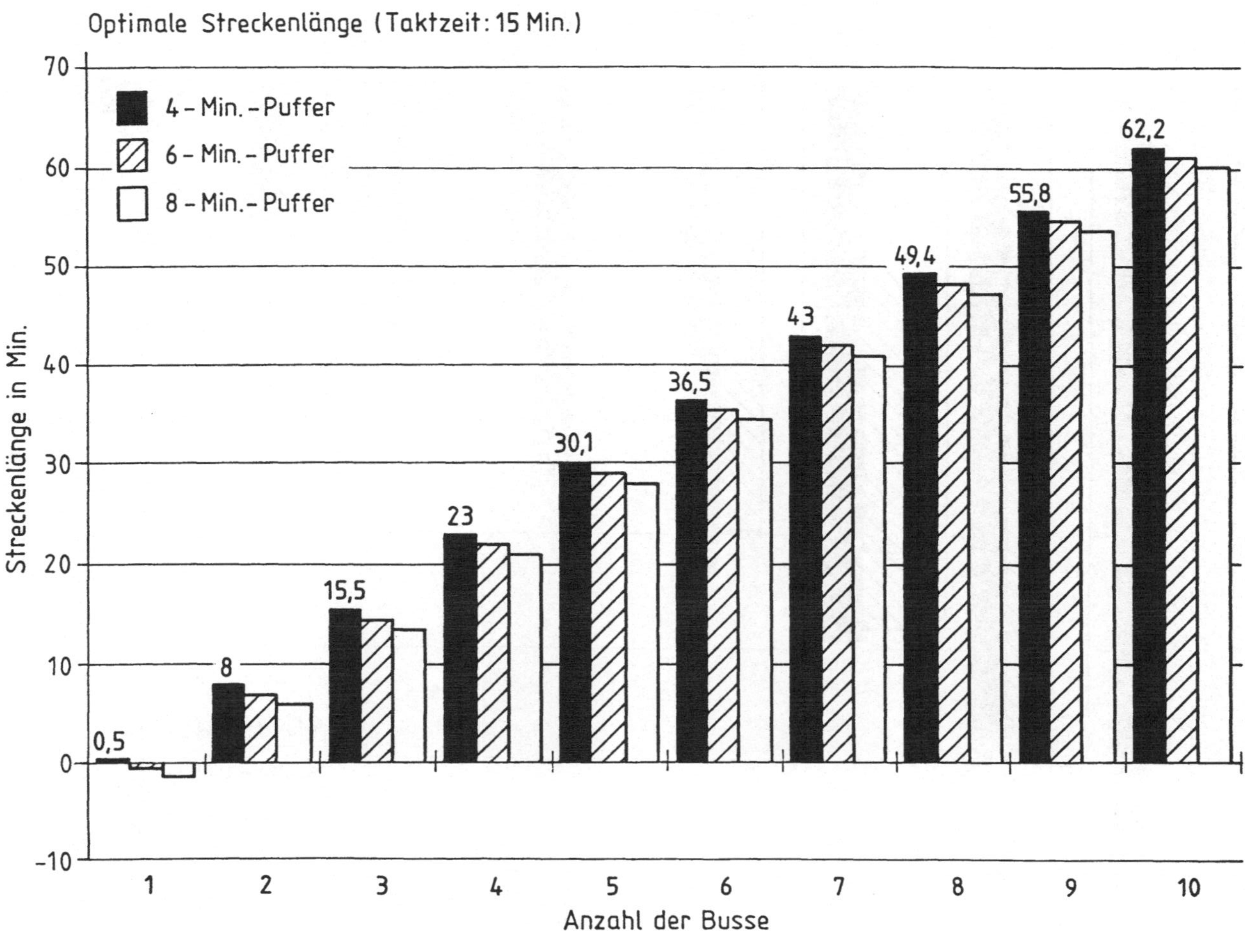
Optimale Streckenlänge (Taktzeit: 15 Min.)
4 - Min. - Puffer
6 - Min. - Puffer
8 - Min. - Puffer
Streckenlänge in Min.
70
60
50
40
30
20
10
0
-10
0,5
8
15,5
23
30,1
36,5
43
49,4
55,8
62,2
1
2
3
4
5
6
7
8
9
10
Anzahl der Busse

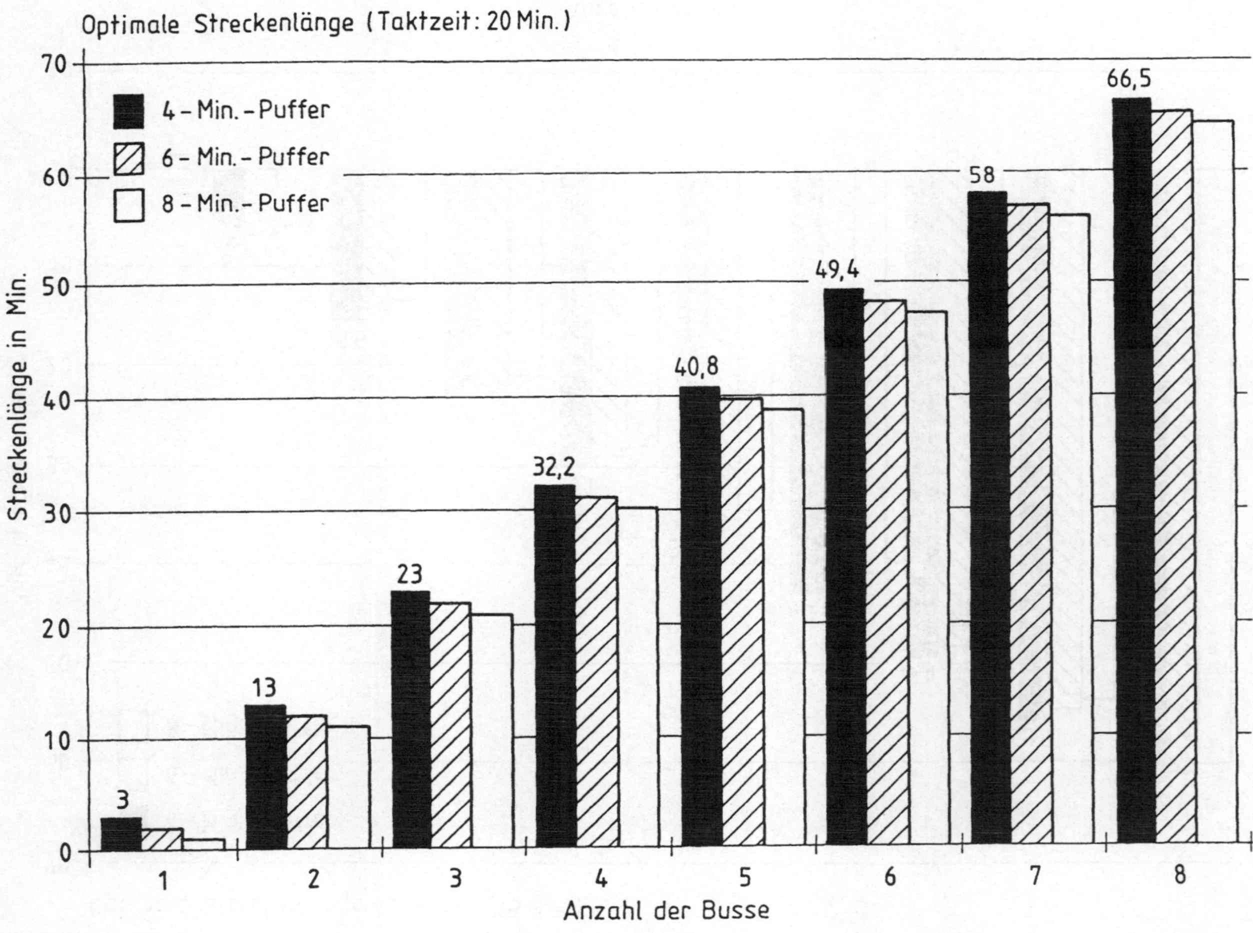
Optimale Streckenlänge (Taktzeit: 20 Min.)
4 - Min. - Puffer
6 - Min. - Puffer
8 - Min. - Puffer
Streckenlänge in Min.
70
60
50
40
30
20
10
0
3
13
23
32,2
40,8
49,4
58
66,5
1
2
3
4
5
6
7
8
Anzahl der Busse

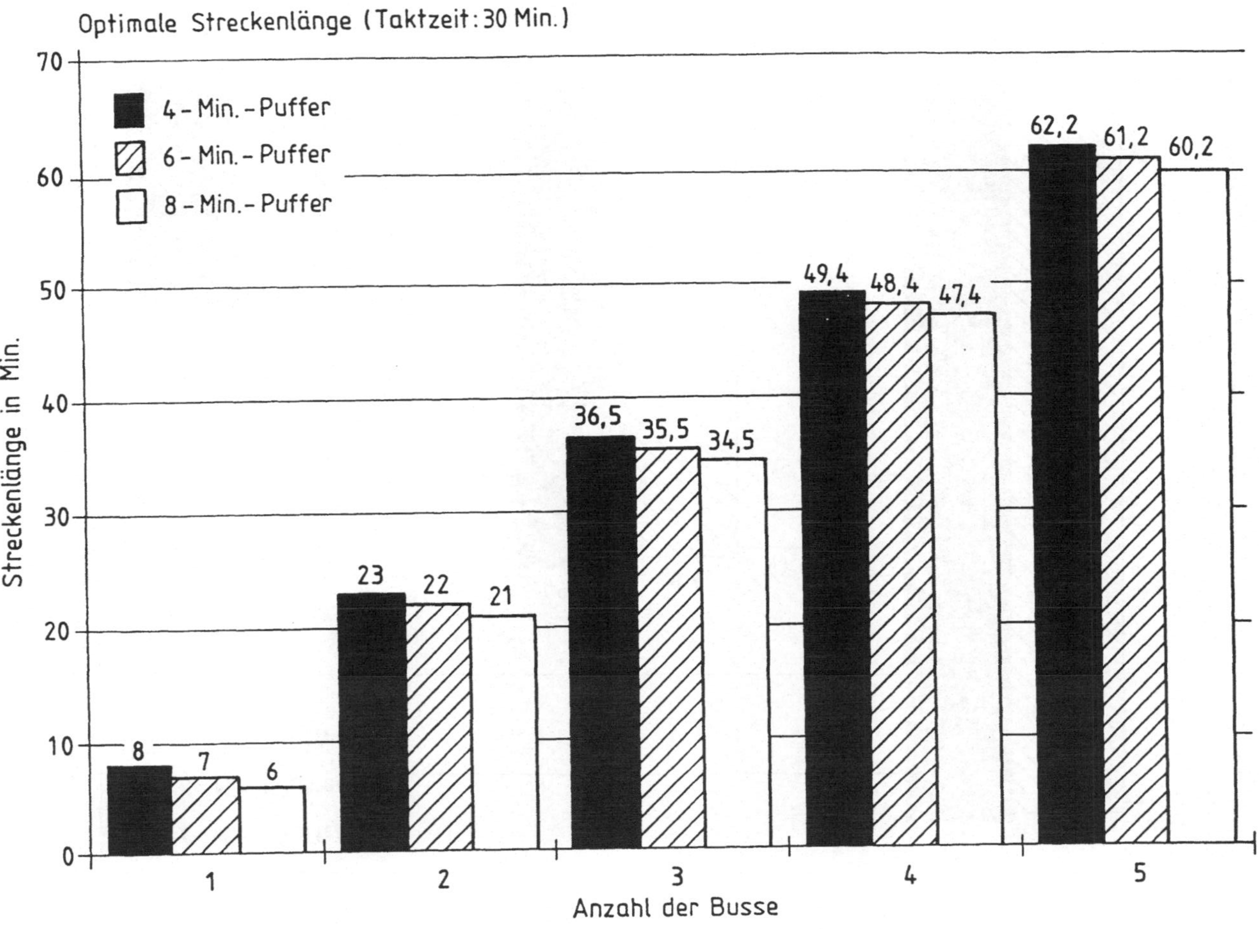
Optimale Streckenlänge (Taktzeit: 30 Min.)
4 - Min. - Puffer
6 - Min. - Puffer
8 - Min. - Puffer
Streckenlänge in Min.
70
60
50
40
30
20
10
0
8
7
6
23
22
21
36,5
35,5
34,5
49,4
48,4
47,4
62,2
61,2
60,2
1
2
3
4
5
Anzahl der Busse

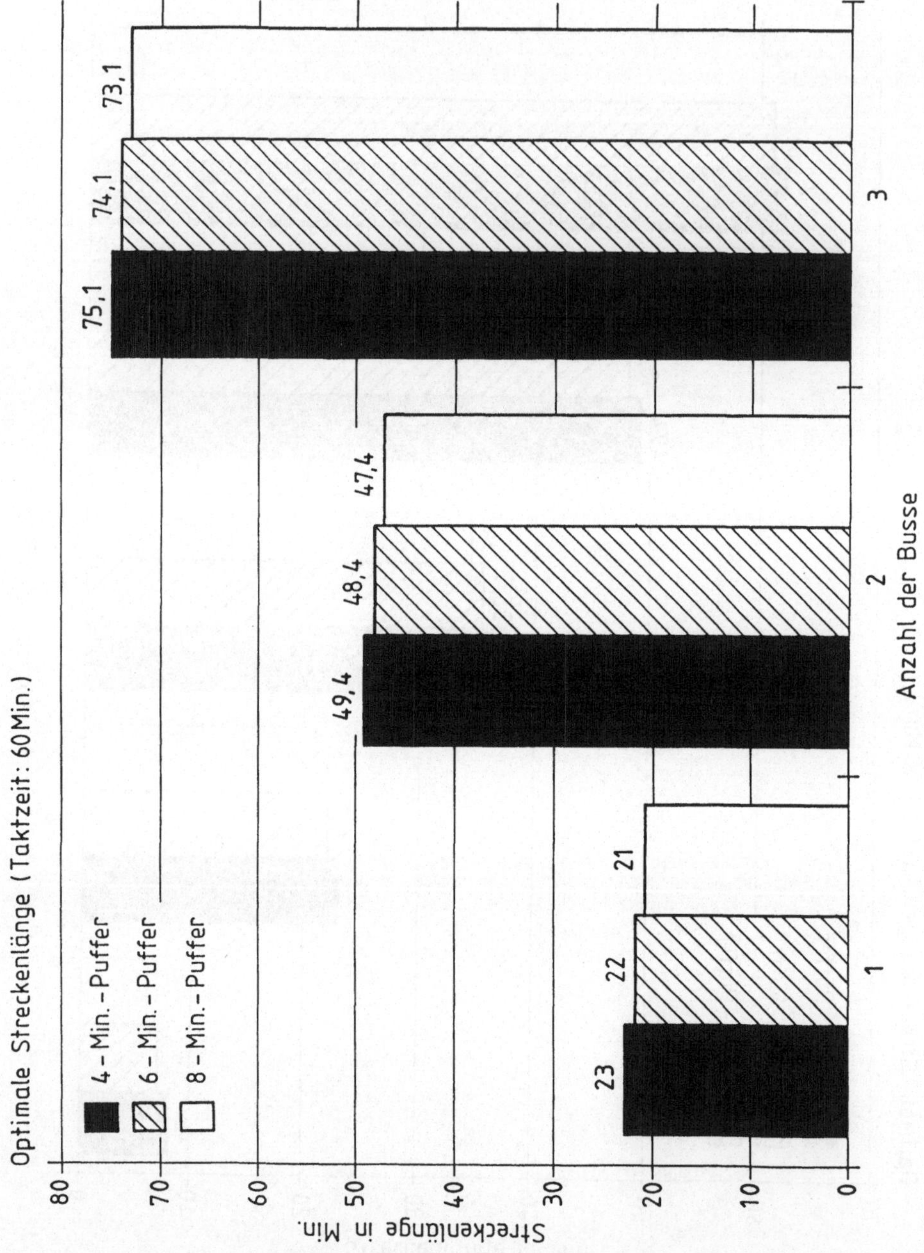
Optimale Streckenlänge (Taktzeit: 60 Min.)
4 - Min. - Puffer
6 - Min. - Puffer
8 - Min. - Puffer
Streckenlänge in Min.
80
70
60
50
40
30
20
10
0
23
22
21
49,4
48,4
47,4
75,1
74,1
73,1
1
2
3
Anzahl der Busse

3. Das neue System

Wichtigste Anforderung an ein neues System war für uns, unter Beibehaltung der vorhandenen Busse und des vorhandenen Liniennetzes einen möglichst großen Kernbereich mit 10-Minuten-Takt zu schaffen. Erreicht wurde dies durch Linien, die teilweise parallel verlaufen und im 20-Minuten-Takt auf Lücke fahren. Durch eine neue Aufteilung der einzelnen Linien sind unnötige Standzeiten der Busse minimiert worden. Insgesamt wurde auf ca. 50% des gesamten Liniennetzes das Angebot verbessert und nur auf ca. 10% des Liniennetzes das Angebot verschlechtert. Diese Verschlechterung fällt nicht stark ins Gewicht, da auf den entsprechenden Streckenabschnitten vorher ein vergleichsweise zu hohes Angebot bestand.

Die Graphiken auf den beiden folgenden Seiten skizzieren den Linienverlauf und die jeweilige Taktfrequenz des alten und des neuen Systems. Es folgen genauere Beschreibungen des neuen Liniensystems einschließlich Abfahrtabellen für die Endhaltestellen und den Lappan (zentrale Umsteigestelle).

Zeichenerklärung

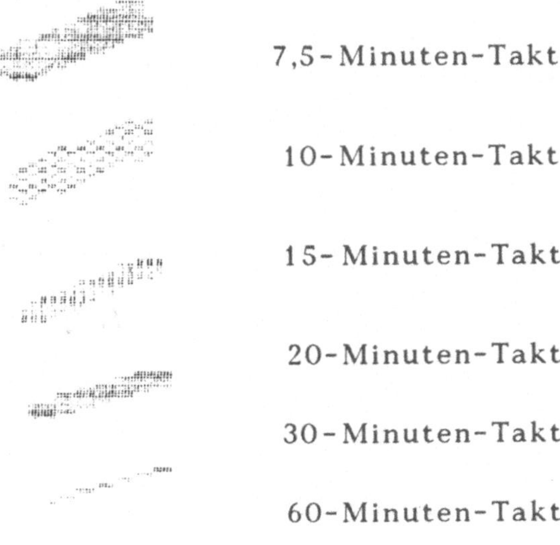

"Bestehendes System"

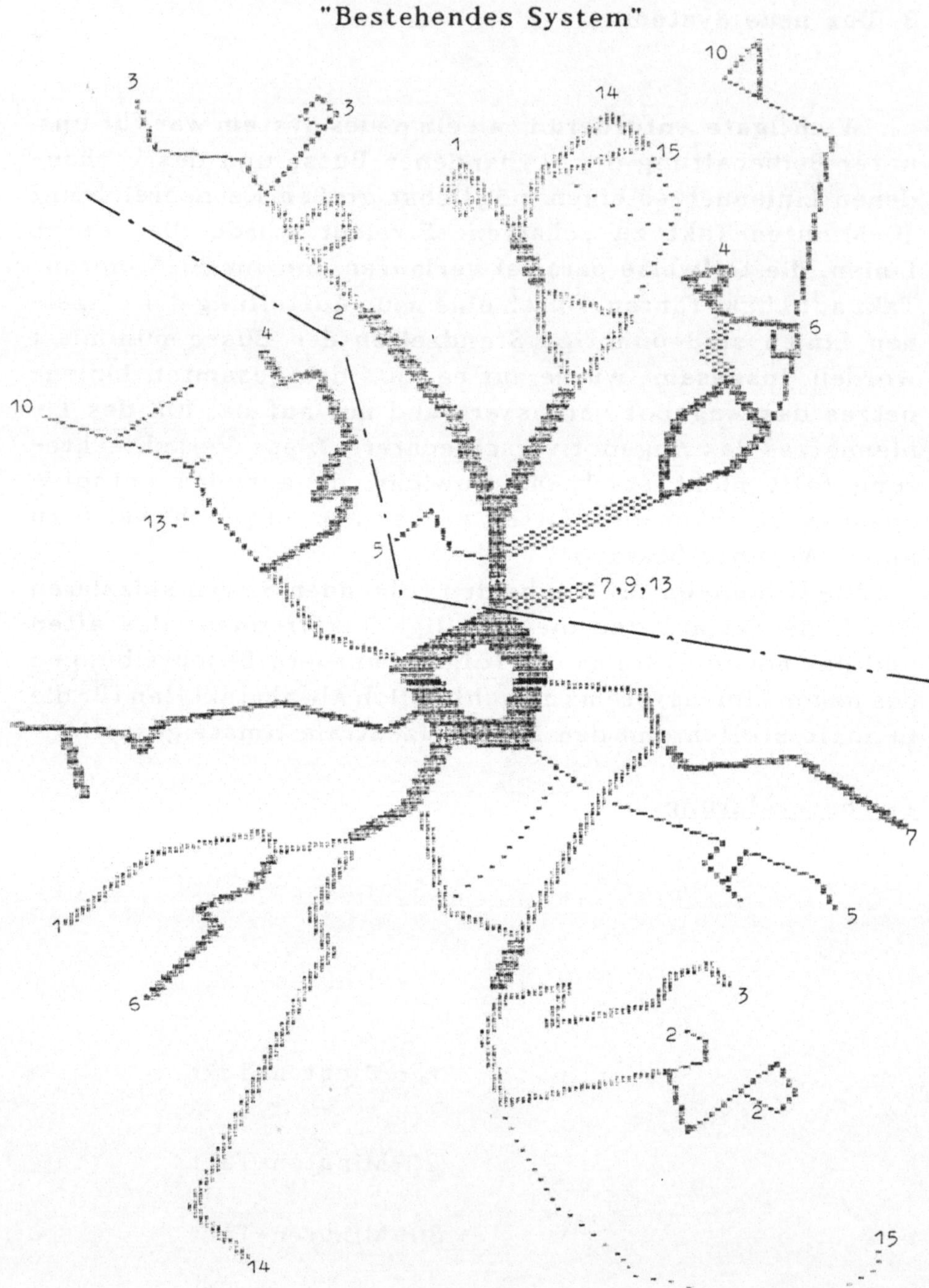

"Neues System"

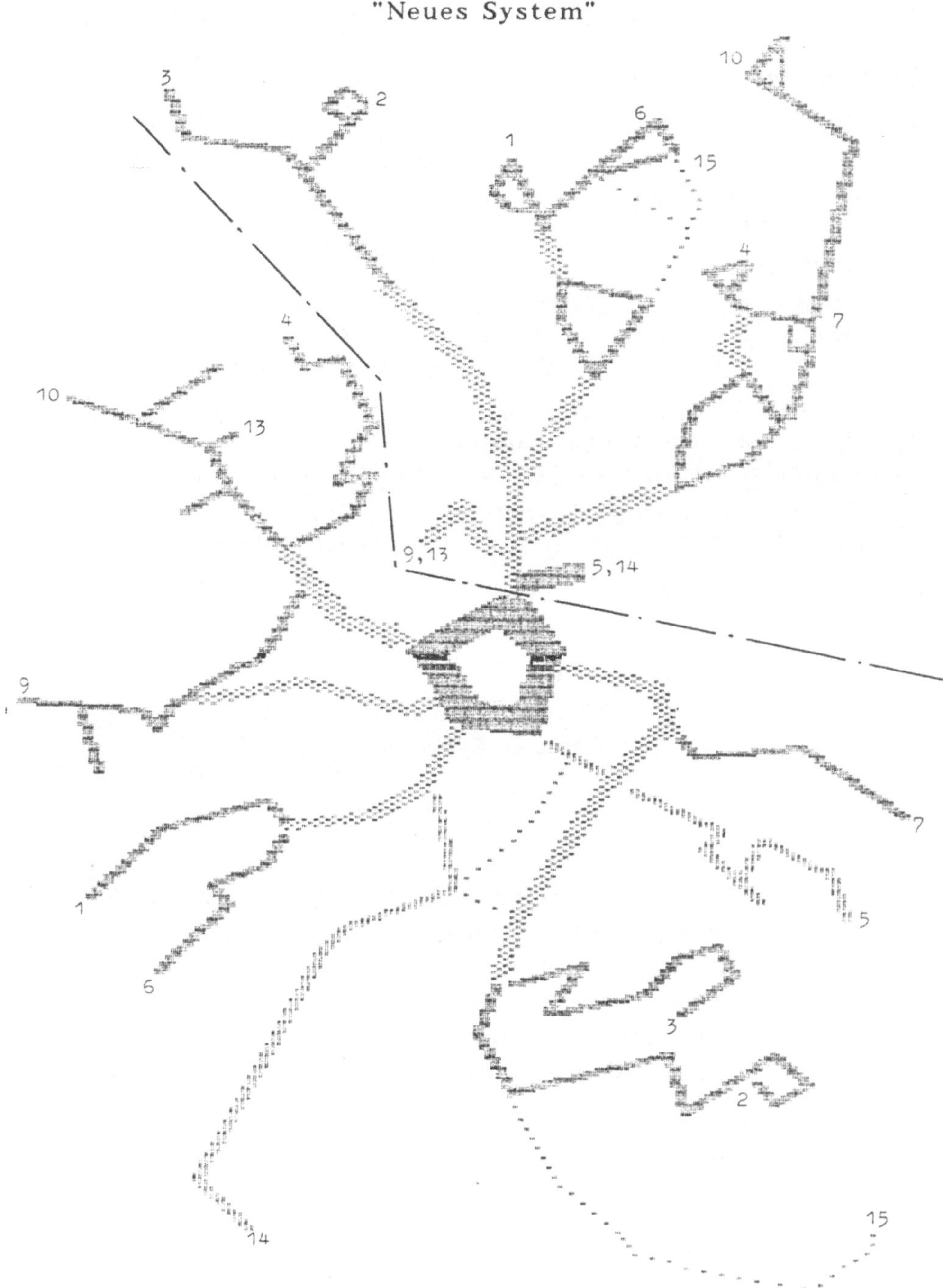

Linienverlauf im neuen System

Linie	Haltestellen
1	nicht geändert
2	Tweelbäker Tredde _2_ Flughafen _3_ Ofenerfeld
3	Kreyen-Zentrum ... Kreyenbrück _3_ AEG _2_ Flughafen _3_ Heidkamp
4	nicht geändert
5	Borchersweg _5_ Lappan _7_ Hauptbahnhof
6	Eibenweg _6_ Lappan _14_ Ofenerdiek
7	Drielake _7_ Lappan _6_ Ohmstede ... Bornhorst
9	Petersfehn _9_ Lappan _5_ Ziegelhof
10	nicht geändert (ohne Famila)
13	Famila _10_ Uni/C.-v.-O.-Str. _13_ Uni/Artillerieweg ... Uni/Uhlhornsweg _9_ Lappan _5_ Ziegelhof
14	Tungeln _14_ v.Thünen-Str. _3_ Lappan _7_ Hauptbahnhof
15	nicht geändert

_x_ := Linienverlauf wie bestehende Linie x
... := neuer Linienverlauf

Neues System

Takt	Streckenabschnitt	Linien
7,5	Lappan - Hauptbahnhof	5, 14
10	Friedhof Eversten - Stiftsweg	1, 6
	Eßkamp - Bhf. Ofenerdiek	1, 6
	AEG - Alexandersfeld	2, 3
	Schützenweg - Brahmkamp	4, 10
	Trommelweg - Niendorfer Weg	4, 7
	Uhlhornsweg - Ziegelhof	9, 13
15	Borchersweg - Lappan	5
	Hundsmühlen - Lappan	14
20	restliche Streckenabschnitte bis auf:	
60	Hatterwüsting - Dorfweg	15
	Nadorst - Patentbusch	15

Abfahrten ab Lappan

Bestehendes System					Neues System	
Richtung Nord		Richtung Süd			Richt. Nord	Richt. Süd
vorm.	nachm.	vorm.	nachm.	Linie		
15 35 55	05 20 35 50	00 20 40	00 15 30 45	1	10 30 50	08 28 48
00 20 40	05 20 35 50	00 20 40	00 15 30 45	2	10 30 50	04 24 44
10 30 50	12 27 42 57	13 30 50	07 22 37 52	3	00 20 40	14 34 54
00 20 40	00 20 40	05 25 45	05 25 45	4	15 35 55	08 28 48
00 30	00 30	15 45	15 45	5	05 20 35 50	00 15 30 45
10 30 50	10 30 50	15 35 55	15 35 55	6	00 20 40	18 38 58
15 35 55	15 35 55	15 35 55	15 35 55	7	05 25 45	18 38 58
05 25 45	05 25 45	05 25 45	05 25 45	9	00 20 40	01 21 41
05 35	05 35	10 40	10 40	10	05 25 45	18 38 58
30	30	39	39	13	10 30 50	11 31 51
05 25 45	12 27 42 57	10 35 50	07 22 37 52	14	13 28 43 58	08 23 38 53
48	48	20	20	15		

Die strichpunktierten Linien auf den schematisierten Plänen auf den Seiten 104 und 105 stellen die Grenzen zwischen Norden und Süden dar.

Abfahrts-, Ruhe- und Fahrzeiten im neuen System

	Richtung Nord				Richtung Süd			
Linie	P	H	A	S	P	H	A	S
1	12	Eversten	14 34 54	31	6	Am Stadtrand	11 31 51	31
2	11	Tweelb.Tredde	18 38 58	48	18	Ofenerfeld	04 24 44	43
3	12	Kreyen-Zentr.	08 28 48	48	18	Heidkamp	14 34 54	42
4	12	Rauhehorst	18 38 58	30	6	Rennplatz	14 34 54	32
5	13	Borchersweg	14 29 44 59	23	4	Hauptbahnhof	11 26 41 56	20
6	13	Thomasburg	04 24 44	33	1	Ofenerdiek	18 38 58	33
7	4	Drielake	11 31 51	29	19	Bornhorst	19 39 59	28
9	18	Petersfehn	18 38 58	30	4	Ziegelhof	12 32 52	28
10	11	Wehnen	05 25 45	39	12	Wahnbek	16 36 56	38
13	14	Famila	07 27 47	31	4	Ziegelhof	02 22 42	31
14	14	Hundsmühlen	09 24 39 54	1	4	Hauptbahnhof	04 19 34 49	21

P:= Pause/Puffer in Minuten
H:= ab Haltestelle
A:= Abfahrtszeit
S:= Streckenlänge in Minuten

Die unterschiedlichen Streckenlängen einer Linie in Nord- bzw. Südrichtung ergeben sich aus der unterschiedlichen Streckenführung um den Stadtkern herum (Wall, Stau etc.).

Vergleich der beiden Systeme bezogen auf Taktzeit, Anzahl der Busse, Abweichung von der optimalen Streckenlänge

Bestehendes System(*)					Neues System			
S_Φ	T	B	Δ_S	Linie	S_Φ	T	B	Δ
31	15 (20)	6 (4)	4 (0)	1	31	20	4	0
38	15 (20)	7 (5)	4 (1)	2	44.30	20	6	4
40.30	15 (20)	7 (5)	2.30 (0)	3	44	20	6	4.30
31	20	4	0	4[1]	31	20	4	0
27	30	3	7	5	21.30	15	4	0
27	20	4	4	6	33	20	4	0
14.30	20	} 5	} 1	7	28.30	20	4	2.30
24	20			9	29	20	4	2
46	30	4	2	10	38.30	20	5	1
14	60	1	8	13	31	20	4	0
36	15 (20)	6 (5)	0 (3)	14	21	15	4	1
44	60	2	4	15[1)2)]	44	60	2	4
	Summe	49 (42)					51	

(*):= Werte vom Vormittag in Klammern
Die Anzahl B der benötigten Busse wurde aus den Fahrplänen ermittelt. Es handelt sich dabei um tatsächliche Minimalzahlen.

S_Φ:= durchschnittliche Streckenlänge in Min.

T := Taktzeit

B := Anzahl der benötigten Busse

Δ_S:= Differenz zur optimalen Streckenlänge

1) unverändert

2) Die Differenz Δ_S von 4 Minuten bei Linie 15 kann durch Verringerung der Pufferzeit auf 0 noch auf 7 Minuten gesteigert werden. Dadurch wäre die lange geforderte Verlängerung der Linie bis Kirchhatten ohne Mehreinsatz von Fahrzeugen möglich.

4. Streckenqualitätsformel

Die Qualität eines Netzes kann durch die Betrachtung vieler Faktoren beurteilt werden. Folgende Faktoren sind dabei zu berücksichtigen.

· Bedienung der Haltestellen pro Stunde auf den Netzabschnitten
· Regelmäßigkeit
· Nachfrage
· Bevölkerungsdichte
· Länge des Streckennetzes
· Länge des Straßennetzes

Häufigkeit und Regelmäßigkeit sind wichtige Attraktivitätskomponenten des Leistungsangebots eines Verkehrsbetriebs im ÖPNV. Sie stehen im engen Zusammenhang mit den Verfügbarkeitskriterien. Während die Häufigkeit lediglich die Anzahl der Fahrten pro Zeiteinheit angibt, schließt die Regelmäßigkeit gleichbleibende Fahrzeugfolgezeiten mit ein. Ziel eines benutzerfreundlichen Verkehrsbetriebs im ÖPNV sollte es sein, den Fahrplan so zu gestalten, daß die Busse einen bestimmten Takt einhalten. Das Angebot ist umso höher zu bewerten, je besser sich die Fahrzeugfolgezeiten pro Zeiteinheit auf einem Streckenabschnitt einem generellen Taktintervall annähern und je geringer das Taktintervall ist. Dieses wird bei der nachfolgenden Berechnung eines Streckenqualitätsfaktors (SQF) als Produkt aus Häufigkeit (n) und Regelmäßigkeit (R) berücksichtigt. Der Streckenqualitätsfaktor ermöglicht somit sowohl Vergleiche innerhalb eines Streckennetzes eines Verkehrsbetriebes über die Bedienung von Streckenabschnitten bzw. Haltestellen als auch bei entsprechender Gewichtigkeit und Summation zwischen Verkehrsbetrieben im ÖPNV.

Wir haben das gesamte Streckennetz in Streckenabschnitte unterteilt. Dabei ist ein Streckenabschnitt ein zusammenhängender Teil des Streckennetzes, der von einer bzw. mehreren Linien bedient wird. Für die Streckenab-

schnitte führen wir den Streckenqualitätsfaktor ein. Wir definieren den Streckenqualitätsfaktor als Regelmäßigkeit multipliziert mit der Anzahl der Busse pro Stunde.

$$SQF = R \cdot n$$

Dividiert man die Summe der mit den Steckenlängen (SL) gewichteten Streckenqualitätsfaktoren durch die Gesamtlänge des Streckennetzes, so ergibt sich ein Qualitätsfaktor (Q), der als Vergleichsmaßstab für einen Verkehrsbetrieb aussagekräftig ist.

$$Q = \frac{\sum_{i=1}^{k} SQF_i \cdot SL_i}{\sum_{i=1}^{k} SL_i}$$

i:	bezeichnet den Streckenabschnitt
k:	Anzahl der Streckenabschnitte
SL_i:	Streckenlänge im Abschnitt i (in Minuten)
n_i:	Anzahl der Busse im Abschnitt i pro Zeiteinheit
R_i:	Regelmäßigkeit im Abschnitt i
$SQF_i = R_i n_i$:	Streckenqualitätsfaktor im Abschnitt i
Q:	Qualitätsfaktor des Gesamtnetzes

Zur Bestimmung der Regelmäßigkeit auf einem Streckenabschnitt haben wir zwei Alternativen diskutiert, den Extremdistanz - Ansatz (4.1.) und den Streuungs - Ansatz (4.2.).

4.1. Extremdistanz-Ansatz

Wir setzen die Regelmäßigkeit R gleich 1, falls die Busse äquidistante Abstände haben, z.B. sechs Busse pro Stunde im Abstand von je 10 Minuten.

Die Regelmäßigkeit wird schlechter, je größer die Abweichung zu den äquidistanten Abständen ist. Um ein allgemeines Maß für die Regelmäßigkeit zu bekommen, haben wir minimale und maximale Abstände der Busse betrachtet. Wir schlagen folgende Formel vor:

$$R = \frac{\text{min} + 2\ \text{max}}{3\ \text{max}}$$

wobei

min = Minimaler Abstand der Busse
max = maximaler Abstand der Busse.

Für das Streckennetz in Oldenburg haben wir die Qualität Q für eine Stunde im Vormittagsplan und für eine Stunde im Nachmittagsplan ausgerechnet.

Nachteil dieses Ansatzes ist, daß "Ausreißer" zu stark bewertet werden. Fährt etwa ein Bus stündlich zusätzlich zu einem 20-Minuten-Takt, so wird dadurch der Streckenqualitätsfaktor gegebenenfalls kleiner als 3, obwohl das Angebot mindestens so gut ist, wie bei einem reinen 20-Minuten-Takt.

Um dies zu korrigieren, haben wir in Streckenabschnitt Nr. 4, 12 und 13 die Linie 15 außer acht gelassen, ebenso in Nr. 18 die Linie 10. Die Linie 16 haben wir gar nicht betrachtet, weil diese sehr selten fährt.

Dabei haben wir die Streckenabschnitte so numeriert:

1. Linie 1 vom Nordendpunkt ausgehend betrachtet, den Streckenabschnitt, der von der 1 allein bedient wird.
2. Linie 1 und Linie 14 bedienen diesen Streckenabschnitt gemeinsam

usw. bis zum Endpunkt der Linie 1.

Dann Linie 2 vom Nordendpunkt ausgehend betrachtet, usw.. Alle Streckenabschnitte, die schon vorkamen, sind nicht mehr zu berücksichtigen. Den Innenstadtring haben wir aus der Betrachtung herausgenommen.

vormittags

Strecken-abschnitt	R	Anzahl d.Busse	SQF_i	SL_i	$SQF_i \cdot SL_i$
1. 1	1	3	3	2'	6
2. 1/14	0,8	6	4,8	4'	19,2
3. 1	1	3	3	3'	9
4. 1/14	1	6	6	8'	48
5. 1/3/6/14	0,694	12	8,21	2'	16,42
6. 1/6/14	0,7	9	6,3	1'	6,3
7. 1/6	0,684	6	4,1	2'	8,2
8. 1	1	3	3	3'	9
9. 2/3	1	6	6	15'	90
10. 2/7	0,88	6	5,33	2'	10,66
11. 2	1	3	3	2'	6
12. 2/3	1	6	6	3'	18
13. 2	1	3	3	8'	24
14. 3	1	3	3	14'	42
15. 4	1	3	3	2'	6
16. 4/6	0,9	6	5,6	2'	11,2
17. 4/10	0,75	5	3,75	3'	11,25
18. 4/6	1	6	6	7'	42
19. 4	1	3	3	9'	27
20. 5	1	2	2	22'	44
21. 6	1	3	3	7'	21
22. 7	1	2	2	5'	10
23. 9	1	2	2	12'	24
24. 10	1	2	2	22'	44
25.14	1	3	3	17'	51
26. 15	1	1	1	22'	22
Summe				199	626,13

$$Q = \frac{\sum_{i=1}^{26} SQF_i \cdot SL_i}{\sum_{i=1}^{26} SL_i} = 3{,}15$$

nachmittags

Strecken-abschnitt	R	Anzahl d.Busse	SQF_i	SL_i	$SQF_i \cdot SL_i$
1. 1	1	4	4	2'	8
2. 1/14	0,88	8	7,1	4'	28,4
3. 1	1	4	4	3'	12
4. 1/14	0,95	8	7,6	8'	60,8
5. 1/3/6/14	0,66	15	9,9	2'	19,8
6. 1/6/14	0,66	11	7,26	1'	7,26
7. 1/6	0,66	7	4,62	2'	9,24
8. 1	1	4	4	3'	12
9. 2/3	0,95	8	7,6	15'	114
10. 2/7	0,66	7	4,62	2'	9,24
11. 2	1	4	4	2'	8
12. 2/3	0,95	8	7,6	3'	22,8
13. 2	1	4	4	8'	32
14. 3	1	4	4	14'	56
15. 4	1	3	3	2'	6
16. 4/6	0,9	6	5,6	2'	11,2
17. 4/10	0,75	5	3,75	3'	11,25
18. 4/6	1	6	6	9'	42
19. 4	1	3	3	9'	27
20. 5	1	2	2	22'	44
21. 6	1	3	3	7'	21
22. 7	1	2	2	5'	10
23. 9	1	2	2	12'	24
24. 10	1	2	2	22'	44
25. 14	1	4	4	17'	68
26. 15	1	1	1	22'	22
Summe				199	729,58

$$Q = \frac{\sum_{i=1}^{26} SQF_i \cdot SL_i}{\sum_{i=1}^{26} SL_i} = 3,66$$

4.2. Streuungs-Ansatz

Ausgehend von der Anzahl der eingesetzten Busse (n) pro Zeiteinheit (ZE) auf dem zu untersuchenden Streckenabschnitt gibt $x = \frac{ZE}{n}$ einen Mittelwert an, der als optimaler Busabstand anzusehen ist. Da bei der vorliegenden Untersuchung nur die Anzahl der Busse innerhalb einer Stunde berücksichtigt werden, wird die Zeiteinheit auf 60 Minuten festgelegt. Für ländliche Gebiete und Kleinstädte ist sicher eine größere Zeiteinheit angebracht. Mit Hilfe der Abfahrzeiten lassen sich die tatsächlichen Zeitabstände (di) zwischen den einzelnen Bussen ermitteln.

Die Regelmäßigkeit (R) errechnet sich nun aus den Differenzen zwischen optimalem und tatsächlichem Busabstand

$$R = 1 - \frac{1}{n} \sum_{i=1}^{n} \frac{|x - di|}{2x}$$

Für ZE = 60 min ergibt sich also

$$R = 1 - \frac{1}{n} \cdot \frac{1}{2 \cdot \frac{60}{n}} \cdot \sum_{i=1}^{n} \left|\frac{60}{n} - di\right| = 1 - \frac{1}{120} \sum_{i=1}^{n} \left|\frac{60}{n} - di\right|$$

Extremfälle:
Im optimalen Fall ist $d_i = \frac{60}{n}$ und die Regelmäßigkeit nimmt den Wert 1 an. Folglich gilt SQF = R · n = n.
Für den schlechtesten Fall (n Busse, die gleichzeitig abfahren, n > 1) gilt

$$d_1,\ldots,d_{n-1} = 0$$

$$d_n = 60$$

$$R = 1 - \frac{1}{120} \cdot (((n-1) \cdot \frac{60}{n}) + |\frac{60}{n} - 60|)$$

$$= 1 - \frac{1}{120} \cdot (n \cdot \frac{60}{n} - \frac{60}{n} + 60 - \frac{60}{n})$$

$$= 1 - \frac{1}{120} \cdot (120 - \frac{120}{n})$$

$$= \frac{1}{n}.$$

Folglich gilt SQF = R · n = 1

Für das bestehende System der VWG ergibt sich ein durchschnittlicher Streckenqualitätsfaktor von 3.21. Grundlage dieser Berechnung sind die (im Vergleich zum Vormittag besseren) Bedienungsfrequenzen des Nachmittags. Dieser Wert verbessert sich bei überarbeitetem Fahrplan und Streckennetz auf 3.52 (siehe folgende Seiten).

i	Linie		SL_i		n_i		R_i		SQF_i		$SQF_i SL_i$	
	alt	neu	alt	neu	alt	neu	alt	neu	alt	neu	alt	neu
1	1	1	3	3	4	3	1	1	4	3	12,00	9,00
2	14	6	4	4	4	3	1	1	4	3	16,00	12,00
3	1/14	16	4	4	8	6	0,833	0,8	6,667	4,8	26,67	13,20
4	1	6	2	2	4	3	1	1	4	3	8,00	6,00
5	14	1	2	2	4	3	1	1	4	3	8,00	6,00
6	14/15	1/15	2	2	5	4	0,85	0,8	4,25	3,2	8,50	6,40
7	15	15	6	6	1	1	1	1	1	1	6,00	6,00
8	1/14/15	1/6/15	4	4	9	7	0,903	0,881	8,125	6,167	32,50	24,67
9	10	10	12	12	2	3	1	1	2	3	24,00	36,00
10	-	7	-	4	-	3	-	1	-	3	-	12,00
11	6	7	2	2	3	3	1	1	3	3	6,00	6,00
12	4	4	2	2	3	3	1	1	3	3	6,00	6,00
13	4/6	4/7	2	2	6	6	0,95	0,95	5,7	5,7	11,40	11,40
14	4	4	2	2	3	3	1	1	3	3	6,00	6,00
15	6	7	4	4	3	3	1	1	3	3	12,00	12,00
16	4/10	4/10	3	3	5	6	0,767	1	3,833	6	11,50	18,00
17	4/6/10	4/7/10	4	4	8	9	0,833	0,667	6,667	6	26,67	24,00
18	1-6/10/14/15	1-4/6/7/9/10/13/15	1	1	27	28	0,470	0,462	12,7	12,93	12,7	12,93
19	2/7/(16)	2/3/7/(16)	2	2	7	9	0,738	0,833	5,167	7,5	10,33	15,00
20	7(16)	7(16)	5	5	3	3	1	1	3	3	15,00	15,00
21	16	16	11	11	0	0	0	0	0	0	0	0
22	2	2/3	4	4	4	6	1	1	4	6	16,00	24,00
23	5/15	5/15	1	1	3	5	0,75	0,85	2,25	4,25	2,25	4,25
24	5	5	9	9	2	4	1	1	2	4	18,00	36,00
25	5	5	3	3	0	4	0	1	0	4	0	12,00
26	15	15	2	2	1	1	1	1	1	1	2,00	2,00
27	2/3/15	2/3/15	3	3	9	7	0,828	0,88	7,45	6,167	22,35	18,50
28	2/15	2/15	5	5	5	4	0,85	0,83	4,25	3,333	21,25	16,67
29	3	3	8	8	4	3	1	1	4	3	32,00	24,00
30	-	3	-	3	-	3	-	1	-	3	-	9,00
31	2	2	3	3	4	3	1	1	4	3	12,00	9,00
32	2	2	6	6	2	3	1	1	2	3	12,00	18,00
33	2	-	3	-	2	-	1	-	2	-	6,00	-
34	15	15	16	16	1	1	1	1	1	1	16,00	16,00
35	1/3/6/14	1/6/14	2	2	15	10	0,62	0,733	9,25	7,333	18,50	14,67
36	3	14	1	1	4	4	1	1	4	4	4,00	4,00
37	3	-	2	-	4	-	1	-	4	-	8,00	-
38	-	14	-	3	-	4	-	1	-	4	-	12,00
39	1/6/14	1/6	1	1	11	6	0,79	1	8,75	6	8,75	6,00
40	1/6	1/6	2	2	7	6	0,738	1	5,167	6	10,33	12,00
41	14	-	3	-	4	-	1	-	4	-	12,00	-
42	14	14	6	6	4	4	1	1	4	4	24,00	24,00
43	-	14	-	3	-	4	-	1	-	4	-	12,00

i	Linie alt	Linie neu	SL_i alt	SL_i neu	n_i alt	n_i neu	R_i alt	R_i neu	SQF_i alt	SQF_i neu	$SQF_i\,SL_i$ alt	$SQF_i\,SL_i$ neu
44	1	1	5	5	4	3	1	1	4	3	20,00	9,00
45	6	6	5	5	3	3	1	1	3	3	15,00	15,00
46	9	9/13	8	8	3	6	1	1	3	6	24,00	48,00
47	9	9	5	5	3	3	1	1	3	3	15,00	15,00
48	9	9	3	3	1	1	1	1	1	1	3,00	3,00
49	9	9	4	4	2	2	0,833	0,833	1,667	1,667	6,67	6,67
50	-	13	-	2	-	3	-	1	-	3	-	6,00
51	4/10	4/10	4	4	5	6	0,767	1	3,833	6	15,33	24,00
52	4	4	9	9	3	3	1	1	3	3	27,00	27,00
53	10	10	1	1	2	3	1	1	2	3	2,00	3,00
54	10	10/13	1	1	2	6	1	0,7	2	4,2	2,00	4,20
55	10	10/·13	1	1	2	6	1	0,5	2	3	2,00	3,00
56	-	13	-	4	-	3	-	1	-	3	-	12,00
57	10	13	4	4	2	3	1	1	2	3	8,00	12,00
58	10	10	8	8	2	3	1	1	2	3	16,00	24,00
59	5	9/13	7	7	2	6	1	1	2	6	14,00	42,00
60	2/3	2/3	8	8	8	6	1	1	8	6	64,00	48,00
61	3	2/3	1	1	4	6	1	1	4	6	4,00	6,00
62	3	3	1	1	4	3	1	1	1	3	4,00	3,00
63	-	2	-	1	-	3	-	1	-	3	-	3,00
64	3	2	1	1	4	3	1	1	4	3	4,00	3,00
65	3	2/3	1	1	3	6	1	0,95	3	5,7	3,00	5,70
66	3	3	2	2	1	3	1	3	1	3	2,00	6,00
67	3	2	2	2	1	3	1	4	1	3	2,00	6,00
68	7/9	5/14	2	2	6	8	1	1	6	8	12,00	16,00
		Summe	240	252							769,7	888,26

$$Q_{alt} = \frac{769,7}{240} = 3,21$$

$$Q_{neu} = \frac{888,26}{252} = 3.52$$

i:	bezeichnet den Streckenabschnitt
k:	Anzahl der Streckenabschnitte
SL_i:	Streckenlänge im Abschnitt i (in Minuten)
n_i:	Anzahl der Busse im Abschnitt i pro Zeiteinheit
R_i:	Regelmäßigkeit im Abschnitt i
$SQF_i = R_i n_i$:	Streckenqualitätsfaktor im Abschnitt i
Q:	Qualitätsfaktor des Gesamtnetzes

Streckenabschnitte i = 1, ..., 68

1. Bhf. Ofenerdiek - Am Stadtrand
2. Bhf. Ofenerdiek - Ofenerdiek
3. Bhf. Ofenerdiek - Eßkamp
4. Stiftsweg - Eßkamp
5. Nadorst - Eßkamp
6. Nadorst - Stiftsweg
7. Nadorst - Patentbusch
8. Pferdemarkt - Stiftsweg
9. Brahmweg - Wahnbek
10. Ohmstede - Klein Bornhorst
11. Ohmstede - Niendorfer Weg
12. Rennplatz - Niendorfer Weg
13. Trommelweg - Niendorfer Weg
14. Brahmweg - Niendorfer Weg
15. Trommelweg - Unterm Berg
16. Brahmweg - Unterm Berg
17. Pferdemarkt - Unterm Berg
18. Pferdemarkt - Lappan
19. Lappan - Nordstraße
20. Drielake - Nordstraße
21. Dragonerstraße - Blankenburg
22. Nordstraße - Buschhagenweg
23. Lappan - Staatsarchiv
24. Tweelbäke - Staatsarchiv
25. Tweelbäke - Borchersweg
26. Staatsarchiv - Buschhagenweg
27. AEG - Buschhagenweg
28. AEG -Dorfweg
29. AEG - Kreyenbrück
30. Kreyen Centrum - Kreyenbrück
31. Jagdweg - Dorfweg
32. Jagdweg- Tweelbäker Tredde
33. Jagdweg - Kreyen Centrum
34. Dorfweg - Hatterwüsting

35. Lappan - Marschweg
36. Stadion Marschweg - Marschweg
37. Stadion Marschweg - Buschhagenweg
38. Stadion Marschweg - von-Thünen-Straße
39. Marschweg - Feststraße
40. Friedhof Eversten - Feststraße
41. von-Thünen-Straße - Feststraße
42. von-Thünen-Straße - Hundsmühlen
43. Oldenburger Straße - Hundsmühlen
44. Friedhof Eversten - Eversten
45. Friedhof Eversten - Thomasburg
46. Lappan - Uhlhornsweg
47. Bloherfelde - Uhlhornsweg
48. Bloherfelde - Wildenloh
49. Bloherfelde - Petersfehn
50. Uhlhornsweg - Artillerieweg
51. Lappan - Schützenweg
52. Rauhehorst - Schützenweg
53. Artillerieweg - Schützenweg
54. Artillerieweg - Carl-von-Ossieztky-Straße
55. Am Tegelbusch - Carl-von-Ossietzky-Straße
56. Universität - Carl-von-Ossietzky-Straße
57. am Tegelbusch - Famila
58. Am Tegelbusch - Wehnen
59. Pferdemarkt - Ziegelhof
60. Pferdemarkt - Flughafen
61. Alexanderfeld - Flughafen
62. Alexanderfeld - Schwarzer Weg
63. Alexanderfeld - Leuchtenburger Straße
64. Schwarzer Weg - Leuchtenburger Straße
65. Schwarzer Weg - Ostkamp
66. Ostkamp - Heidkamp
67. Ostkamp - Ofenerfeld
68. Lappan - Hauptbahnhof

5. Allgemeine Vorschläge

In der vorliegenden Untersuchung haben wir uns hauptsächlich mit der Verbesserung des Einsatzes des Verkehrsmittels Bus im ÖPNV bei gegebenem und überarbeitetem Streckennetz am Beispiel Oldenburg beschäftigt. Dabei sind uns einige kurzfristig mögliche Verbesserungsvorschläge aufgefallen, die nach unserer Ansicht die Attraktivität des ÖPNV erhöhen könnten.

5.1. Fahrpreisgestaltung

5.1.1.
Einführung einer Umweltkarte. Sowohl Bremen als auch Osnabrück und eine Reihe anderer Städte haben gute Erfahrungen mit der Umweltkarte gemacht. Oldenburg sollte sich an diesen Erfahrungen orientieren. Gültigkeit dieser Karte in möglichst vielen anderen Städten gehört dabei zum Konzept.

5.1.2.
Der Tarifzonenplan sollte sich an der erbrachten Verkehrsleistung und nicht an der Stadtgrenze orientieren.
- Erweiterung der Tarifzone 1 bis zu den Verzweigungen (wenn zwei Linien parallel fahren)
- Erweiterung der Tarifzone 2 über die Stadtgrenze hinaus
- dafür eventuell entfernungsabhängiger Zuschlag für die Fahrt nach Hatterwüsting und Kirchhatten

5.2. Öffentlichkeitsarbeit

Jeder Verkehrsbetrieb sollte im eigenen Interesse viel Öffentlichkeitsarbeit betreiben. Die Werbung soll nicht nur auf potentielle Nachfrager abstellen, sondern grundsätzlich ein gutes Image aufbauen. ÖPNV darf nicht ein "Arme-Leute-Verkehrsmittel" sein. Die Benutzer müssen das Bewußtsein bekommen, Fahrgäste zu sein und nicht Beförderungsfälle.

"Ausflugslinien", Fahrradtransporte, Fahrradabstellmöglichkeiten an Haltestellen, freundliche Haltestellenhäuschen (mit Telefonzelle, Briefkasten etc.) wären denkbar.

5.3. Verkehrsverbund

Jeder Verkehrsbetrieb muß bestrebt sein, den Überlandverkehr zu integrieren. Dies verlangt eine hohe Kooperationsbereitschaft. Wichtig ist, daß "einfache" Lösungen angestrebt werden, d. h. Lösungen, die für die Benutzer ohne das Studium von Richtlinien unmittelbar verständlich sind. Zusammenarbeit mit ÖPNV-Netzen des Umlandes (z.B. Versorgung der Gemeinde Hatten) sollten gesucht werden.

P.S. Die Vorform eines Verkehrsverbundes besteht in Oldenburg inzwischen, allerdings nicht sehr öffentlichkeitswirksam propagiert.

5.4. Linienführung

- Die Abdeckung des zu versorgenden Gebietes über einen 300-m-Einzugsradius der Haltestellen ist allein nicht ausreichend. Im einzelnen muß noch stärker einbezogen werden, inwieweit die Anbindung öffentlicher Einrichtungen (Brücke der Nation, Städtische Kliniken, Universität usw.) möglich ist.
- Die Haltestelle Schäferstraße (Donnerschweer Straße hinter dem Hauptbahnhof) sollte mit einem Hinweisschild zum Hauptbahnhof (rückwärtiger Ausgang über die Fußgängerbrücke) versehen werden und umgekehrt. Längerfristig ist anzustreben, die Linien auf der Donnerschweer Straße näher an den hinteren Bahnhofsausgang heranzuführen.

5.5. Behindertenfreundlichkeit

Mittel des Bundes, die zum Umbau von Bussen bereitgestellt werden, sollten genutzt werden. Niederflurbusse scheinen uns für alle die eleganteste Lösung zu sein.

5.6. Fahrradtransporte

Hier sollten Möglichkeiten untersucht werden, die es erlauben, Fahrräder einfach und kostengünstig zu transportieren, zunächst vielleicht auf "Ausflugslinien" (z. B. nach Hatterwüsting, Wildenloh etc.)

5.7. Neu-Numierung der Buslinien

Diskutiert wurde eine Neu-Numerierung des bisherigen Liniennetzes, so daß an der Busnummer Linie, Fahrtrichtung und Endhaltestelle abgelesen werden kann. Dies ist besonders beim Umsteigen (z. B. am Lappan) wichtig.

Die neuen Nummern sind zweistellig; die erste Ziffer gibt die Linie an, die zweite die Endhaltestelle, wobei Ziele nördlich des Lappan ungerade Endziffern erhalten, die anderen gerade (vgl. Markierung auf den Karten).

Beispiel: Die alten Linien 2/3 Alexandersfeld - Kreyenbrück erhalten als erste Ziffer eine 2. Ein Bus zum Flughafen (bisher 2) heißt dann 21, zum Bahnhof Krusenbusch (bisher ebenfalls 2) 22, zum Kreyen-Centrum (bisher ebenfalls 2) 24, nach Ofenerfeld (bisher 3) 23 usw..

5.8. Fahrerschulung

Selbstverständlich ist die Notwendigkeit einer regelmäßigen Schulung der Fahrer/innen. Dort sollten nicht nur die neuesten den Straßenverkehr betreffenden Gesetzesänderungen und technische Neuerungen der Busse behandelt werden, sondern insbesondere auch das Verhalten gegenüber Fahrgästen in bestimmten Situationen.

6. Vorschlag zur Führung einer Linie 13 (Uni-Linie)

Dieser Vorschlag ist eingebunden in das bisher vorgestellte Konzept. Er ist aber eigenständig und als "Sofortprogramm" gedacht, entstanden aus unserer eigenen Betroffenheit als Uni-Angehörige und Busbenutzer/innen bzw. Nichtbusbenutzer/innen. Als solche haben wir natürlich das "Experiment" Linie 13 beobachtet, hatten aber den Eindruck, daß die Linie 13 zum Teil nur deshalb eingerichtet wurde, um zu begründen, daß man sie nicht brauche.

Im Uni-Info konnten wir lesen: "In einem Schreiben teilte die Verkehr und Wasser GmbH der Universität mit, Fahrgastzahlungen hätten ergeben, daß im Dezember im Schnitt 2,4 Fahrgäste, im Januar 3,9 pro Fahrt zum naturwissenschaftlichen Standort bzw. vom ihm weg in Anspruch genommen hätten" ("Buslinie 13 eingestellt", aus UNI Info 3.88). Dazu haben wir einige Bemerkungen zu machen:

- Zu der Zählung muß man wissen, daß nur die Personen gezählt wurden, die am Standort Carl-von-Ossietzky-Straße ein- bzw. ausgestiegen sind, daß aber im Laufe der Fahrt wesentlich mehr Fahrgäste zugestiegen sind.
- Die Abfahrts- und Ankunftszeiten der Linie 13 waren so gelegt, daß sie für Studierende uninteressant waren, weil die Vorlesungszeiten (i. d. Regel: Anfang .15, Ende .45) nicht berücksichtigt wurden.
- Die Fahrtzeiten der Linie 13 waren so gelegt, daß sie in beiden Richtungen fast gleichzeitig mit der Linie 10 fuhr. Dennoch wurden, nach Aussage von Anwohnern, beide Linien gut benutzt.

- In der heutigen Zeit ist es trotz zunehmendem Umweltbewußtsein schwierig, Menschen davon zu überzeugen, von heute auf morgen auf ihren Pkw zu verzichten und auf den ÖPVN, hier den Bus, umzusteigen. Insbesondere ist dies ein Prozeß, den man nach einem relativ kurzen Zeitraum von 4 Monaten noch nicht abschließend beurteilen kann. Gerade auch deshalb, weil von Dezember bis Januar ein Anstieg zu verzeichnen ist (63 %) und weil sowohl von der VWG als auch der Uni-Leitung wenig wirksame Öffentlichkeitsarbeit betrieben wurde.

Wir halten es deshalb für verfrüht zu sagen, daß "Experiment sei mißglückt" und haben deshalb die folgenden Vorschläge zur Verbesserung erarbeitet.

6.1. Einige Bemerkungen zur (nicht mehr) bestehenden Linie 13:

- Wir begrüßen ausdrücklich die Einrichtung einer Buslinie, die die Universitätseinrichtungen (insbesondere den Standort Carl-von-Ossietzky-Straße) an das bestehende ÖPNV-Netz anbindet.
- Wir finden eine direkte Verbindung mit dem Hauptbahnhof gut, weil damit speziell für die von außerhalb kommenden Studierenden und Beschäftigten eine sinnvolle Alternative zum privaten Pkw geschaffen wurde.
- Wir kritisieren, daß die Abfahrts- und Ankunftszeiten an der Uni sich nicht an Beginn und Ende der Vorlesungszeiten (in der Regel: .15 bis .45) orientieren, und daß die Linie 13 in beiden Richtungen fast gleichzeitig mit der Linie 10 fährt.
- Wir halten die Fahrpreise für zu hoch, insbesondere um die Linie 13 auch als Verbindung (z. B. zum Mittagessen) zwischen dem Standort Carl-von-Ossietzky-Straße und Uhlhornsweg zu nutzen.

6.2. Weitere Bemerkungen zur Verbesserung der (hoffentlich bald wieder fahrenden) Linie 13

Wir schlagen weiterhin vor,

- die Linie 13 bis zum Standort Johann-Justus-Weg/ Birkenweg weiterzuführen und sie über den Uhlhornsweg zu leiten, wo ohnehin schon Haltestellenbuchten vorhanden sind, die auch in einer Richtung schon von Bussen der DB genutzt werden.
- eine Möglichkeit für eine sinnvolle Verbindung zwischen den Wohnheimen Otto-Suhr-Straße sowie Huntemannstraße und den Universitätsgebäuden zu schaffen. (Zur Zeit geht dies nur über Lappan, so daß man zu Fuß schneller ist als mit dem Bus.)
- die Linie 13 auch während der Semesterferien fahren zu lassen. Denn die Semesterferien sind nicht in erster Linie Ferien, sondern vorlesungsfreie Zeit. D.h., auch während der Semesterferien besteht ein Bedarf seitens der Studierenden (Bibliothek, Arbeitsgruppen, ...) und insbesondere auch seitens der Bediensteten.
- einen Sondertarif zwischen den Universitätsgebäuden anzubieten, so daß besonders über die Mittagszeit (Mensa) und zur Bibliotheksbenutzung der Bus zu einer sinnvollen Alternative zum Pkw wird. Er sollte nicht höher als 1 DM für Hin- und Rückfahrt liegen.

6.3. Ergebnisse, oder was aus den Bemerkungen folgt

Wir wollen hier einen konkreten Vorschlag für Linienführung und Fahrtzeiten der Linie 13 machen, wobei wir uns als Einschränkung auferlegt haben, daß auf dieser Linie weiterhin nur ein Bus eingesetzt wird.

6.3.1. Linienführung

Wir schlagen folgende geänderte Linienführung vor:
Hauptbahnhof - parallel zur Linie 9 bis Uhlhornsweg -

Ammerländer Heerstraße - Carl-von-Ossietzky-Straße - Pophankenweg - Johann-Justus-Weg und zurück (vgl. Bemerkung unter 6.4.).

6.3.2. Fahrplan und Fahrtzeiten

Für die unter 1. genannte Linienführung haben wir eine um 5 Min. längere Fahrtzeit zwischen Hauptbahnhof und Carl-von-Ossietzky-Straße ermittelt als für die eingestellte Linie 13, für alle anderen Unigebäude stellt diese Linienführung eine Verbesserung dar. Bei der Berechnung der Fahrtzeiten haben wir von Hauptbahnhof bis Uhlhornsweg die Linie 9 und von Artillerieweg bis Carl-von-Ossietzky-Straße die bestehende Linie 13 zu Grunde gelegt. Die anderen Fahrtzeiten haben wir durch Vergleich mit anderen Streckenabschnitten geschätzt.

Bei den Abfahrts- und Ankunftszeiten an der Uni haben wir uns beschränkt auf die Hauptvorlesungszeiten (9, 11, 13, 14, 16, 18 Uhr), Arbeitszeiten der Bediensteten (8 - 17 Uhr) und die Mittagszeit (12 Uhr). Weiter wurde vorausgesetzt, daß die Busse am Hauptbahnhof starten, zur Uni fahren und dann wieder zurückfahren.

Das Ergebnis läßt sich an Hand der folgenden beiden Tabellen darstellen:

	hin	zurück	
Hauptbahnhof	.32	.27	
Lappan	.35	.25	
Haarenfeld	.47	.13	(Anschluß Huntemannstraße)
Uhlhornsweg	.48,5	.11,5	(Anschluß O.-Suhr-Straße
Uni	.49	.11	Linie 9: .48 - .12)
Artillerieweg	.50	.10	
Wechloy	.53	.07	
Johann-Justus-Weg	.59	.01	

Hauptbahnhof	7.32	8.32	10.32	11.32	12.32	13.32	15.32	15.32	17.32
Joh.-Justus-Weg	7.59	8.59	10.59	11.59	12.59	13.59	15.59	16.59	17.59

Joh.-Justus-Weg	8.01	8.01	11.01	12.01	13.01	14.01	16.01	17.01	18.01
Hauptbahnhof	8.27	9.27	11.27	12.27	13.27	14.27	16.27	17.27	18.27

Dieser Fahrplan läßt sich - wie bisher - mit nur einem Bus bewältigen, da die einzelnen Fahrtabschnitte (7.32 - 9.27 h, 10.32 - 14.27 h, 15.32 - 18.27 h) jeweils unter 4 Stunden liegen, so daß es keine Probleme mit den gesetzlichen Pausenzeitregelungen (Pause nach längstens 4 Stunden) gibt.

6.3.3. Wohnheime

Für die Wohnheime schlagen wir vor, die Fußwege bis zur nächstgelegenen Haltestelle auszuschildern sowie Fahrpläne und Hinweise in den Wohnheimen und in den Unigebäuden anzubringen. Für das Wohnheim Huntemannstraße heißt das, Fußweg zur Bloherfelder Straße, für das Wohnheim Otto-Suhr-Straße, Fußweg bis zur Kennedystraße (Linie 9) und Verschiebung der Abfahrtzeiten der Linie 9 um 5 Minuten (früher), so daß eine Anschlußmöglichkeit ab Uhlhornsweg zur Linie 13 besteht.

6.4. Probleme, oder was bleibt noch zu tun?

Wir halten unser Ergebnis für ohne großen Aufwand realisierbar, da die Haltestellen im Uhlhornsweg und im Johann-Justus-Weg (alte Linie 8) sowie auch der Bus vorhanden sind. Dennoch gibt es sicher noch Punkte, die verbesserungswürdig sind. Z.B.: die immer noch etwas unbefriedigenden Abfahrts- und Ankunfszeiten. Dieses Problem läßt sich aber nur lösen, wenn mehr als ein Bus auf der Linie 13 eingesetzt wird. Problematisch ist es sicher auch, daß der Fahrer oder die Fahrerin zwischen 10.32 und 14.27 Uhr, also in der Mittagszeit, keine Pause hat. Dies könnte man dadurch lösen, daß der Fahrer- oder Fahrerinnenwechsel in diese Zeit fällt.
Weitere Anregungen sind:

- Die Linie 13 fährt mit einer zweiten Linie (etwa Linie 9) "auf Lücke", so daß für ein Teilstück etwa ein 10-Min-Takt erreicht wird.

- Eine Weiterführung der Linie 13 über den Hauptbahnhof hinaus.
- Alternative Linienführung: Die Linie 13 fährt nicht direkt bis Johann-Justus-Weg, sondern bis zum Famila-Gelände. Dort wäre sie so nahe wie möglich an den Fußweg zum Johann-Justus-Weg heranzuführen (Waschanlage). Dieser Fußweg wäre auszuschildern (vgl. 6.3.3. Wohnheime).
- Mit der Untertunnelung der Ammerländer Heerstraße wird die Straße Grotepool/Bäkeplacken bis zum Pophankenweg verlängert. Dann wäre es sinnvoll, diese Straße für die Fahrt zwischen Carl-von-Ossietzky-Straße und Johann-Justus-Weg zu nutzen.

Wir halten es für notwendig, eine Linie 13 wieder einzurichten, aber auch Verbesserungen vorzunehmen, weil dies ein Einstieg ist, die Uni an das ÖPNV-Netz anzubinden und es naturgemäß seine Zeit dauert, bis solch ein Angebot in dem gewünschten Maß angenommen wird. Aber auch, weil es ein Anfang sein kann, von dem negativen Image des Oldenbuger ÖPNV wegzukommen.

7. Literatur

1. Deiters, Jürgen; Meyer, Martin; Seimetz, Hans-Jürgen; Mobilität und Fahrgastverhalten im Städtischen Nahverkehr Osnabrücker Studien zur Geographie, Osnabrück 1984

2. Meyer, Martin; Auswirkungen unterschiedlicher Busfolgezeiten auf das Fahrgastverhalten Osnabrücker Studien zur Geographie, Osnabrück 1986

3. Weimer, Karl-Heinz; Qualitätsbezogene Betriebe im öffentlichen Personennahverkehr Nordrhein-Westfalens, Westdeutscher Verlag Opladen 1978

Bericht im Uni Info

Andere Linienführung und andere Zeiten

Neue Vorschläge zur Busanbindung Wechloys

Im Uni-Info 3/88 konnte man unter der Überschrift „Buslinie 13 eingestellt" unter anderem lesen: „In einem Schreiben teilte die Verkehr- und Wasser GmbH der Universität mit, Fahrgastzählungen hätten ergeben, daß im Dezember im Schnitt 2,4 Fahrgäste, im Januar 3,9 pro Fahrt zum naturwissenschaftlichen Standort bzw. von ihm weg in Anspruch genommen hätten."

Drei Jahre nach Inbetriebnahme der Universitätsgebäude Wechloy/Carl-von-Ossietzky-Straße gab es ab Oktober 1987 endlich eine direkte Busverbindung in die Stadt und zum Bahnhof. Seit Ende Februar 1988 ist die Verbindung schon wieder eingestellt. Im Uni-Info wurden folgende Punkte nicht deutlich:

- In der Zählung wurden (auf Anordnung der Geschäftsführung der VWG) nur diejenigen Personen gezählt, die am Standort Carl-von-Ossietzky-Straße ein- bzw. ausgestiegen sind. Begründung: Ansonsten fahre die Linie 13 parallel mit der Linie 10, der sie doch nur die Fahrgäste wegnehme.
- Die Linie 13 fuhr nicht nur parallel, sondern auch zeitgleich mit der Linie 10 - damit war die Chance vertan, die ohnehin nur alle 30 Minuten bediente, äußere Ammerländer Heerstraße (d.h. insbesondere auch den Zentralstandort der Universität) in besserem Zeittakt zu erreichen.
- Die Abfahrtszeiten der Linie 13 in Wechloy lagen bei .20 und die Ankunftszeiten bei .52. Für die Studierenden enden die Veranstaltungen in der Regel um .45 oder auch zur vollen Stunde und beginnen .15. Dadurch war die Linie zumindest für die Studierenden nicht mehr attraktiv.

Und dazu kommt noch, daß weder innerhalb der Universität noch in der Stadt wirksame Öffentlichkeitsarbeit für diese neue Linie betrieben wurde. Es ist bekannt, daß vier Monate nicht ausreichen, um „Gewöhnung" an ein solches Angebot zu erreichen.

Im Rahmen einer breiter angelegten Studie zur Mathematischen Modellierung im Öffentlichen Personennahverkehr (ÖPNV) wurde aus dem akuten Anlaß heraus auch ein konkreter Vorschlag für eine neue Linie 13 entwickelt. Folgende Linienführung wird vorgeschlagen: Hauptbahnhof - Gartenstraße - Hauptstraße - Eichenstraße (bisher ohne Bus) - Uhlhornsweg (bisher ohne Bus, Uni-Hauptgebäude, Haltestellenbuchten existieren schon) - Ammerländer Heerstraße - Carl-von-Ossietzky-Straße (Uni-Standort Wechloy) - Bäkeplacken - Pophankenweg - Johann-Justus-Weg (Uni-Standort und Studentenwohnheim).

Mit dieser Linienführung würden insbesondere auch die studentischen Wohnheime Huntemannstraße (mit kurzem Fußweg), Eichenstraße und Otto-Suhr-Straße (mit Benutzung der Linie 9 und

Umsteigen - Fahrplananpassung ist möglich) und natürlich Johann-Justus-Weg mit den Uni-Gebäuden verbunden. Außerdem wird die direkte Verbindung mit dem Bahnhof, sogar IC-Anschluß bei noch zumutbaren Anschlußzeiten hergestellt. Die Streckenführung von Carl-von-Ossietzky-Straße zum Pophankenweg über Bäkeplacken wird durch den Neubau dieser Straße im Zuge der Untertunnelung des Bahnübergangs möglich und könnte langfristig für Busse geöffnet bleiben. Darüber hinaus wird durch diese Linienführung ein Teil eines „Außenringes" geschaffen, der die Linien 14, 6, 1, 9, 10 und (mit einem kurzen Fußweg) 4 verbindet.

Fahrzeiten: Abfahrt ab Hauptbahnhof jeweils um .32 gemäß Streckenverlauf, Ankunft Uni Uhlhornsweg .49, Carl-von-Ossietzky-Straße .53, Johann-Justus-Weg .59 und sofort zurück (ab .01) mit Ankunft Hauptbahnhof .27.

Dabei werden stündliche Umläufe vorgesehen, wobei folgende Stunden für die Abfahrt am Hauptbahnhof vorgeschlagen werden:

7.32 8.32 10.32 11.32 12.32 13.32 15.32 16.32 17.32. Damit werden die Hauptvorlesungszeiten 9.00, 11.00, 13.00, 14.00, 16.00, 18.00 berücksichtigt, ebenso wie die Arbeitszeit der Beschäftigten zwischen 8.00 und 17.00 sowie die Mittagszeit.

Der vorgeschlagene Kurs kann mit einem Bus bewältigt werden (wie die Linie 13 bisher), die Ruhezeiten für den Fahrer werden eingehalten. Gegebenenfalls würde der Vier-Stunden-Zyklus über Mittag durch Fahrerwechsel für die Fahrer entspannt werden können, wenngleich auch ohne einen Wechsel der gesetzlich vorgegebene Rahmen nicht überschritten wird.

Die Ankunftszeiten an den Universitätsgebäuden sind bei obigem Vorschlag noch immer nicht optimal - eine bessere Lösung würde den Einsatz weiterer Busse erfordern. Dadurch würden andererseits sehr viel weitergehende Angebotsverbesserungen ermöglicht werden, etwa zum Teil parallel mit Linie 9, auch Lücke, um dort einen festen 10--Minuten-Takt zu ermöglichen; fahren eines Rundkurses in beiden Richtungen, etwa vom Bahnhof wie oben und zurück direkt über die Ofener Straße usw.

Als zusätzliche Maßnahmen schlagen wir vor:

- Sondertarif zwischen den Universitätsgebäuden (Mensa, Bibliotheken), der nicht höher als DM 1,-- für Hin- und Rückfahrt sein sollte.
- Öffentlichkeitsarbeit, insbesondere auch Hinweise auf Haltestellen, Aushang von Fahrplänen in den Uni-Gebäuden, Wohnheimen und auch auf dem Bahnhof.

Die hier zusammengefaßt dargestellten Vorschläge für die Linie 13 sind Teil einer umfassenderen Studie über den ÖPNV, in der universelle Taktung, Optimierung von Linienlängen und eine vergleichende Bewertung verschiedener Varianten mit Hilfe von Streckenqualitätsfaktoren enthalten sind.

Ulrich Knauer

Korrespondenz und Pressereaktion

Gemeinde Hatten · Hauptstr. 21 · 2904 Hatten-Kirchhatten

Herrn/Frau/Fräulein/Firma

Universität Oldenburg
Fachbereich Mathematik
z.H. Herrn Prof. Ulrich Knauer
Ammerländer Heerstraße 67 - 99

2900 Oldenburg

v. 18.05.1989
Hin/Du

11
19.06.1989

Modellierung eines ÖPNV-Netzes;
hier: Verbesserung auf der VWG-Linie 15 im Bereich der Gemeinde Hatten

Sehr geehrter Herr Professor Dr. Knauer,

herzlichen Dank für die Übersendung eines Exemplares des Berichts aus einer Projektveranstaltung im Wintersemester 1987/88 des Fachbereichs Mathematik der Universität Oldenburg zur Modellierung eines ÖPNV-Netzes in Oldenburg und Umgebung.

Der Bericht enthält interessante Aussagen zur Verbesserung der VWG-Linie 15 im Bereich der Gemeinde Hatten (z.B. Verlängerung bis nach Kirchhatten und Ausbau der Linie als "Ausflugslinie").

Ich habe den Bericht zum Anlaß genommen, die VWG-Oldenburg zu bitten, die im Bericht enthaltenen Vorschläge, soweit sie die Gemeinde Hatten betreffen, auf Realisierung zu überprüfen. Über das Ergebnis werde ich Sie zu gegebener Zeit informieren.

Für heute verbleibe ich
mit freundlichen Grüßen

Hinrichs

Deutsche Kommunistische Partei
Fraktion im Rat der Stadt Oldenburg

Lange Straße 74
2900 Oldenburg
Telefon (0441) 2352792
Mo. Di, Do von 9-16.30 Uhr
Mi 9-17.00 Uhr
Fr 9-15.00 Uhr

DKP-Fraktion · Lange Straße 74 · 2900 Oldenburg

12.06.89

Stadtrat Dr. Poeschel
Markt 1

2900 Oldenburg

Bericht aus einer Projektveranstaltung der Universität Oldenburg "Modellierung eines ÖPNV - Netzes"

Sehr geehrter Herr Dr. Poeschel,

angesichts der unbestrittenen Notwendigkeit, den ÖPNV in Oldenburg attraktiver zu gestalten, halte ich es für zweckmäßig, den o. a. Bericht zum Gegenstand einer Beratung im Ausschuß für öffentliche Einrichtungen und Verkehr zu machen.

Zu diesem Zwecke rege ich an, den Leiter der Projektveranstaltung, Herrn Prof. Dr. Ulrich Knauer, zu einer der nächsten Sitzungen des Ausschusses einzuladen. Falls Sie nicht beabsichtigen, meiner Anregung zu folgen, bitte ich Sie, die Angelegenheit auf die Tagesordnung der nächsten Sitzung des Ausschusses für öffentliche Einrichtungen und Verkehr zu setzen, damit der Ausschuß in dieser Sache befinden möge.

Mit freundlichem Gruß

(Hans-Joachim Müller)
Fraktionsvorsitzender

Viele neue Ideen notwendig

Zur Theobald-Glosse „Doppelt fährt besser" (NWZ vom 6. September) schreibt Else Stolze, Fraktionsvorsitzende der Grünen:

Wahrscheinlich hat Theobald mit seiner Glosse „Doppelt fährt besser" wider Erwarten völlig recht: die VWG läßt ab und zu zwei Busse direkt hintereinander herfahren, damit sie besser auffallen. Schließlich ist sonst vom ÖPNV wenig – zu wenig – in Oldenburg zu sehen.

Daß die Aufgabe, die Buslinien optimal zu koordinieren, so daß sie immer in gleichmäßigen Abständen fahren, für einen Computer keine unlösbare Herausforderung ist, hat eine Arbeitsgruppe des Fachbereichs Mathematik der Universität Oldenburg schon vor zwei Jahren bewiesen.

Sie haben einen optimalen Fahrplan erstellt, dem zu Folge es möglich wäre, Busse auf allen Hauptausfallstraßen im 10-Minuten-Takt und im Außenbereich im 20-Minuten-Takt verkehren zu lassen. Und das alles ohne zusätzliche Busse und zusätzliches Personal.

Versuche der Arbeitsgruppe, dieses Konzept der VWG anzubieten, sind ebenso wie Bemühungen der Fraktion der Grünen im Rat und im VWG-Aufsichtsrat um dieses Konzept an der fehlenden Gesprächsbereitschaft der VWG-Geschäftsführung gescheitert. Neuerungen im ÖPNV einzuführen, ist nach wie vor in Oldenburg sehr schwer, schwerer als andernorts (vgl. Umwelttickets, Niederflurbusse). Besonders, wenn die Vorschläge von den falschen (?) Leuten kommen. Dabei hätte der ÖPNV viele neue Ideen nötig, will er nicht völlig in der ständig steigenden Flut der Pkw untergehen.

Else Stolze
2900 Oldenburg

Nordwest-Zeitung 15.9.90

Neuer Service des VWG

Mit Bus und Rad auf Tour

Oldenburg gilt als Stadt der Radfahrer. Jetzt wird noch ein neuer fahrradfreundlicher Service von der VWG Verkehr und Wasser GmbH durch die Busse geboten. Wer will, kann sich nach seiner Fahrradtour mit dem Fahrrad per Bus wieder in die Stadt oder nach außerhalb bringen lassen und dann zurückradeln. Bis zu 15 Räder und Radler werden im Umkreis von 50 Kilometern kostengünstig im Bus transportiert. Langfristig ist der Aufbau eines Randwandernetzes mit Busverbindungen geplant.

Oldenburger Anzeiger 9.11.89

„Vom Nahverkehr abgekoppelt“

Leserbrief zum Beitrag „Parken gegen das große Chaos.?“:

Der Artikel in der letzten Ausgabe über die Parkplatzprobleme im Bereich der Universität ist in der Analyse sicher zutreffend. Leider werden aber hauptsächlich die „Falschparker“ beschimpft.

Aber wie soll man die Universität erreichen? Der einzige Bus (Linie 10) fährt nur alle 30 Minuten. (Wer weiß eigentlich, ob diese Zeiten dann wenigstens mit den Standard-Vorlesungszeiten abgestimmt sind?). Um damit nach dem Standort Carl-von-Ossietzky-Straße zu kommen, wird noch ein Fußweg von etwa 800 m nötig. Bus Nr. 4, den es auch noch gibt, hat seine Haltestelle (aus der Stadt kommend) weit im Schützenweg, ist also auch keine ernste Alternative, nicht einmal für den Zentralbereich. Aus Richtung Bad Zwischenahn jenseits der Endhaltestelle von Bus 10 ist die Universität mit öffentlichen Verkehrsmitteln praktisch nicht zu erreichen. Die Studentenwohnheime sind durch Busse nur über den Lappan zu erreichen (völlig unzumutbar lange Fahrzeit!).

Schon im uni-info 6/88 gab es einen sehr konkreten Vorschlag einer unserer Arbeitsgruppen, der zumindest die Probleme innerhalb des Stadtbereichs lösen könnte.

Was ist eigentlich für ein Verständnis - Lebensqualität, Bürgernähe, Umweltschutz usw. - bei der Stadt, der VWG (und der Uni-Verwaltung?), wenn die Universität als Einrichtung für über 11.000 Studierende und über 2.000 Beschäftigte vom öffentlichen Nahverkehr völlig abgekoppelt ist - und das schon seit vielen Jahren.

Aus in der NWZ vom 6.12.90 zum gleichen Thema wird die Forderung nach Verbesserung der Busverbindung nur sehr nebenbei gestellt.

Prof. Dr. Ulrich Knauer, FB 6

Uni-info 1/91

Fotos

Buskoordinator

Stilleben "ÖPNV"

ÖPNV und Werbung

Sprayer

Midis und Minis für den kleinen Verkehr

Projektgruppe in der Werkhalle

C

Ein mathematisches Schweinemast-Modell

Bericht aus einer Projektveranstaltung im Wintersemester 1989/90

Fachbereich Mathematik
Universität Oldenburg
Carl-von-Ossietzky-Straße

von
Jens-Otto Andreas
Anke Dood
Ulrich Knauer
Karin Kunert
Amir Manavi
Petra Meierkord
Barbara Rost
Christine Schier

Inhalt Modellierungsprojekt C

0. Vorwort

In dem vorliegenden Bericht werden die wesentlichen Ergebnisse eines einsemestrigen zweistündigen Seminars zur Mathematischen Modellierung im Wintersemester 1989/90 an der Oldenburger Universität wiedergegeben.

Der Problemkreis ergab sich aus bereits seit längerer Zeit bestehenden Kontakten zu einem Schweinemastbetrieb im Oldenburger Land hergestellt über eine Diplommathematikerin der Oldenburger Universität.

Der erste Teil der konkreten Arbeit bestand in einer Präzisierung der in diesem relativ engen Zeitraum zu bewerkstelligenden Aufgabe.

Danksagungen

Wir danken insbesondere den Diplommathematikern Doris Hanken und Gerd Hanken für ihre Unterstützung bei unserer Arbeit an dieser Studie, weiter danken wir Klaus Gölz, Jörg Meier, Eduard Meyer, Jane Richter, Berthold Thiemann und Dr. Brian Walker für Gespräche und Beratung zu unterschiedlichen Aspekten, die mit dem Thema zusammenhängen.

1. Allgemeine Voraussetzungen

Der erste Schritt zur Präzisierung der Fragestellung bestand in einer ausführlichen Diskussion des gesamten Umfeldes, untermauert durch Informationen von einer Reihe von Fachleuten. Folgende Punkte wurden diskutiert:

1. 1. Fleischverbrauch in der BRD

Im Jahre 1984 wurden in der BRD 50,1 kg Schweinefleisch pro Kopf verbraucht, d.h. pro Person und Jahr wurde dafür etwa 500 DM aufgewendet (bei einem Ladenpreis von 10 DM/kg). 1988 waren es bereits 62,2 kg/Kopf. Dafür sind etwa 43 Millionen Schweine erforderlich, von denen 38 Millionen in der BRD produziert werden, der Rest wird importiert (hauptsächlich aus den Niederlanden und Dänemark).

Durchschnittlich 20 Millionen Schweinemastplätze existieren in der BRD, etwa 2,5 mal pro Jahr wird ein Platz belegt, die Differenz zu der o.g. Zahl ergibt sich aus Verlusten durch Krankheiten etc. Insgesamt lag der Fleischverbrauch in der BRD bei 104,2 kg pro Kopf und Jahr. Dabei handelt es sich dann i.w. noch um Geflügel- und Rindfleisch (aus: allgemeine fleischerzeitung (afz) vom 18.10.1989).

1. 2. Problemfeld Schweinefleisch

Aufgrund der genetischen Ähnlichkeit und auch aus anderen von uns im einzelnen nicht nachvollziehbaren Gründen gibt es viele Gegenargumente gegen den Verzehr von Schweinefleisch überhaupt. Allerdings ist es im Rahmen unserer Arbeit nicht möglich gewesen, verläßliche Argumente gegen den Genuß von Schweinefleisch zu finden. Deshalb haben wir dieses Problemfeld nicht weiterverfolgen können.

1. 3. Nährwert von Fleisch

Das Verhältnis zwischen Energieertrag zu Energieaufwand bei der Erzeugung von Schweinefleisch ist etwa 1 : 2,6. Dieses Verhältnis ist bei anderen Fleischarten noch wesentlich ungünstiger. Fleisch ist wichtiger Lieferant von Eiweiß, beugt Eisen- sowie Vitamin B12-Mangel vor und enthält wichtige Aminosäuren. Ein Ersatz wäre etwa durch Sojaprodukte möglich. Die Nachteile für die Gesundheit durch (zu hohen) Fleischverbrauch sind weitgehend bekannt (arteriosklerotische Erkrankungen). Aufgrund der katastrophalen Ernährungslage auf der Erde erscheint der Fleischverbrauch in der BRD unvertretbar hoch - ganz abgesehen davon, daß ein ähnlich hoher Fleischverbrauch für alle Menschen nicht einmal theoretisch möglich wäre.

1.4. Gülle

Ein Schweinemastplatz produziert etwa 1000 l Gülle pro Jahr (Angaben von D. Hanken), das ergibt für den Schweinefleischverbrauch der BRD etwa 22,6 Mrd. l Gülle pro Jahr oder bezogen auf 60 Millionen Einwohner der BRD 376 l Gülle pro Jahr und Person, d.h. etwa 1 l Schweinegülle täglich pro Person. Die mit der Gülle verbundenen Probleme sind zahlreich, die Geruchsbelästigung ist gerade im Oldenburger Land sehr stark zu spüren, die gesetzlichen Regelungen mögen unvollkommen sein, sind aber als solche noch nicht einmal durchzusetzen. Da diese Problematik sehr umfangreich ist, ein "Güllemodell" würde mit Sicherheit ein eigenes Modellierungsprojekt sein, mußten wir sie völlig ausklammern. Das ist eigentlich bedauerlich, weil hier neben der Senkung der Gülleproduktion durchaus auch interessante Alternativen existieren, etwa Transport in Gegenden des Landes, in denen wenig Gülle anfällt, um dort den Stickstoffdünger zu ersetzen, Umwandlung in

Trockendünger oder auch Umwandlung in Energie (Faulgasanlagen).

vgl. etwa (siehe Anhang 3):

- Gülle: Aus dem Naturdünger wurde ein die Natur belastender Abfallstoff, NWZ, 2.12.89
- Oldenburger Landrecht: Die Massenhaltung von Tieren vergiftet mit Flüssigmist Grundwasser und Meere. Viele Betriebe halten sich nicht an gesetzliche Auflagen. Der Spiegel, 47/1989 vom 20.11.89
- Vechtas Tierhalter mit dem Rücken an der Wand, NWZ 9.12.89

1. 5. Schweinerassen - Fleischsorten

Auch dieses diffizile Gebiet wurde nach längerer Diskussion nicht differenziert in die Modellierung übernommen, da zwar einerseits für den konkreten Mastbetrieb und auch für die Verbraucher erhebliche Unterschiede bestehen, eine Differenzierung andererseits aber zu erheblichen Komplikationen bei der Modellierung geführt hätten, die zumindest den zeitlichen Rahmen gesprengt hätten.

1. 6. Futterzusammensetzung

In im Handel erhältlichen Futtermischungen sind häufig erhebliche Anteile Mais und Soja enthalten. Der Rest besteht aus weiteren Getreidesorten und Zusatzstoffen. In Anbetracht der Bemerkungen in 1.3. mag es bedenklich erscheinen, Getreide an Schweine zu verfüttern, andererseits gibt es in der EG einen "Getreideberg", etwa 16,4 Mill. t im Jahr 1985, für dessen Lagerung ca. 200,-- DM pro Tonne und Jahr aufgewendet werden muß (nach Institut der deutschen Wirtschaft, idw, Nr. 36 vom 3.9.87 siehe Anhang 3). Deswegen haben wir auch darauf verzichtet, Möglichkeiten einer andersartigen Fütterung der Schweine zu eruieren. Zu denken wäre hier etwa an Kartoffeln, Rüben etc., aber auch an Küchenabfälle von Großküchen, Restaurants usw.

Wegen der unbestritten hohen Nahrungsqualität von Soja, welches insbesondere in den unter Hunger leidenden Ländern der sogenannten 3. Welt angebaut wird, scheint es uns wünschenswert, auf Soja in Schweinefutter zu verzichten (sicher würden dadurch keine Hungersnöte vermieden, eine solche Maßnahme könnte aber Bestandteil eines Gesamtkonzeptes sein). Darüberhinaus scheint es uns wünschenswert, die mit Mais bebaute Fläche in der BRD zu verringern, wegen der starken Beanspruchung und Auslaugung des Bodens durch Mais. Dies ist nach unserer Information auf die für Mais intensiv eingesetzten Schädlingsbekämpfungsmittel einerseits und auf die starke Gülledüngung andererseits zurückzuführen.

Zwar treten, wie andere Informanten sagen, keine Probleme durch Maisanbau auf, wenn er im Wechsel mit anderen Pflanzen erfolgt, aber der Anschein zeigt, daß dies offenbar relativ selten konsequent so gehandhabt wird. Deswegen haben wir auf den Zusatz von Mais zum Futter ganz verzichtet. Das scheint insbesondere auch in Anbetracht des "Getreideberges" vertretbar.

Außerdem soll auf Trockenfutterbestandteile (Pellets) verzichtet werden.

vgl. etwa (Anhang 3)
- Die Stinker vom Lande, Stern 43/1989 (bezieht sich auf Umweltbelastung durch Futtertrocknungsanlagen)

Das von uns vorgesehene Futter besteht also nur aus sogenannten heimischen Getreidesorten, außer Mais, und Zusatzstoffen, die nach unserer Kenntnis für die Ernährung der Schweine unverzichtbar sind und in den Getreidesorten nicht oder nicht ausreichend vorkommen.

1. 7. Fleischpreise

Die Fleischpreise in der BRD und vor allem die für Schweinefleisch sind sehr niedrig. Sie werden von Supermarktketten zudem noch als "Lockangebot" eingesetzt.

Da solche Supermarktketten ganze Bestände von Schlachthöfen aufkaufen, bestimmen sie auch die Erzeugerpreise. Es ist offensichtlich, daß dies i.w. auf Kosten der Mastbetriebe und auf Kosten der Fleischqualität geht. In der Diskussion wurde klar, daß ein Ziel sein könnte, weniger und dafür höherwertiges Fleisch zu produzieren. Das würde sich nach allem, was bisher über Fleischernährung bekannt ist, für die Gesundheit der Bevölkerung durchaus vorteilhaft auswirken können.

2. Die Bedingungen des Modells

Bestimmt durch die Informationen und Diskussionen, die unter 1. dargestellt sind, bezieht sich das ausgearbeitete Modell ausschließlich auf die Fütterung (Mästung) von Schweinen im Rahmen der bislang üblichen Mastbetriebe.

2. 1. Mastdauer

Die Mast wird untersucht in dem Gewichtsrahmen 20-100 kg je Tier, bezogen auf eine Mastdauer von etwa 110 Tagen.

2. 2. Optimierungsziel

Das Ziel der Optimierung besteht darin, durch individuelle Futtermischung in Intervallen von 5 kg bezogen auf das Gewicht eines Tieres die Futterkomponenten gemäß den vorliegenden (bzw. in den meisten Fällen aus allgemeinen Daten abzuleitenden) Informationen über Minima und Maxima zusammenzustellen. Der Einfluß auf die Fleischqualität, Zusammensetzung der Gülle und "Wohlbefinden" der Tiere kann nicht untersucht werden. Es ist allerdings wahrscheinlich, daß etwa die Reduzierung des (stark toxischen) Kupfers im Futter positive Auswirkungen haben könnte. (Es fällt auf, daß in den üblichen Fertigfuttermischungen, etwa in Ferkelaufzuchtfutter II, bis 35 kg Gewicht 175 mg Kupfer pro kg Futter enthalten sind und in dem im Anschluß zu verwendenden Mastfutter nur noch 35 mg Kupfer pro kg Futter, ohne daß diese Zahlen und vor allem der enorme Unterschied begründet werden.)

2. 3. Bewertung

Aus Mangel an anderen Kriterien, wie Fleischqualität, Güllezusammensetzung o. ä. werden die Futterkosten als Bewertungskriterium genommen. Entsprechend der Argumentation in 1., insbesondere 1.7., besteht jedoch das Ziel im Rahmen dieses Modells nicht darin, die Futterkosten zu minimieren. Dieses wird nur als zusätzliches Kriterium gewählt, wenn nach Maßgabe von Unter- und Obergrenzen noch Variationsmöglichkeiten bleiben.

2. 4. Futterbestandteile

Im Modell wird auf Mais und Sojaprodukte im Futter verzichtet, es werden "heimische" Getreidesorten als Grundbestandteile benutzt. Dazu kommen Fett und Fischmehl und je nach Bedarf Zusätze, soweit erforderliche Nährstoffe nicht durch die Grundbestandteile gesichert sind.

3. Lineares Programm

(vgl. 6.1. und Anhang 1).

3.1. Gleichungssystem

Das Ziel ist es, die Futterkosten für die Schweineaufzucht zu minimieren,

$$\text{Zielfunktion:} \quad \sum_{\ell=1}^{27} \mathit{Preis}_{\ell} * \mathit{Stoff}_{\ell} \quad \rightarrow \text{Minimum} .$$

Nebenbedingungen:

a) Das Schwein erhält die erforderliche Futtermenge, die sich aus den einzelnen Futtermitteln ($\mathit{Stoff}_1, \ldots, \mathit{Stoff}_5$) zusammensetzt.

$$\sum_{i=1}^{5} \mathit{Stoff}_i = \mathit{Tagmenge}$$

b) Die Einhaltung der Ober- und Untergrenzen (max. und min.) erfordert die Differenzierung der Inhaltsstoffe in bereits im Futtermittel vorhandene (Stoff^{auto}) und evtl. zuzugebende (Stoff),

$$j = 6{,}7 \quad : \quad \mathit{Stoff}_j + \mathit{Stoff}_j^{auto} \leq \mathit{max}_j \text{ (nicht negativ)}$$

$$j \geq 8 \quad : \quad \mathit{Stoff}_j + \mathit{Stoff}_j^{auto} \geq \mathit{min}_j$$

wobei für $j = 6,..,12$ gilt:

$$\mathit{Stoff}_j^{auto} = \sum_{i=1}^{5} \mathit{Stoff}_i[\mathrm{kg}] * \mathit{Inhalt}_j(i)\left[\frac{\mathrm{g}}{\mathrm{kg}}\right] * \mathit{Verdaulichkeit}_i[\%]$$

und für $j \geq 13$:

$$\mathit{Stoff}_j^{auto} = \sum_{i=1}^{5} \mathit{Stoff}_i[\mathrm{kg}] * \mathit{Inhalt}_j(i)\left[\frac{\mathrm{g}}{\mathrm{kg}}\right]$$

3.2. Erläuterung der Variablen

$Stoff_\ell$: Menge des Stoffes ℓ

ℓ = 1: Weizen	10: Calcium	19: Vitamin A
2: Gerste	11: Phosphor	20: Vitamin K_3
3: Roggen	12: Natrium	21: Vitamin E
4: Hafer	13: Eisen	22: Vitamin B_2
5: Fischmehl	14: Kupfer	23: Vitamin B_6
6: Rohfett	15: Mangan	24: Vitamin B_{12}
7: Rohfaser	16: Selen	25: Panthotensäure
8: Lysin	17: Jod	26: Cholin
9: Rohprotein	18: Zink	27: Nikotinsäure

$Preis_\ell$: Preis des Stoffes ℓ in DM/kg

Tagmenge: Futtermenge pro Tag und Schwein in kg

$Stoff_j^{auto}$: Menge des Stoffes j, die schon in den Futtermitteln ($Stoff_i$, i = 1,..,5) enthalten ist.

max_j: Maximaler Inhalt des Stoffes j, in der Tagesmenge in g/kg

min_j: Minimaler Inhalt des Stoffes j, in der Tagesmenge in g/kg

$Inhalt_j(i)$: der in $Stoff_i$ enthaltene Anteil des Stoffes j in g/kg

$Verdaulichkeit_i$: Verdaulichkeit des Stoffes i in %

4. Verwendete Daten für das lineare Programm

4.1. Empfohlene Tagesfuttermenge *(Tagmenge)*

	Energiegehalt des Futters (MJ ME/kg)		
	12,6	13,0	Tageszu-
Lebendgewicht kg	kg Futter je Tier und Tag		nahme g
20	1,1	1,0	
25	1,3	1,2	560
30	1,4	1,3	
35	1,6	1,5	
40	1,7	1,6	
50	2,1	2,0	730
60	2,3	2,2	
70	2,5	2,4	785
80	2,7	2,6	
90	2,8	2,7	740
100	2,8	2,7	
Futterverbrauch insgesamt kg	ca. 240	ca. 232	
Futter je kg Zuwachs kg	3,0	2,9	
ME je kg Zuwachs MJ	37,7	37,7	
Mastdauer	ca. 114 Tage		

aus: "Mastschweine richtig füttern" AID-Heft Nr. 1049, 1987

MJ bedeutet Megajoule
ME bedeutet (metabolizable energy) umsetzbare Energie

Der Bedarf der Schweine und der Gehalt der Futtermittel an ME sind in Megajoule(MJ) angegeben, daher sagt man MJME Megajoule umsetzbare Energie.

4.2. Futterwerttabellen

Inhaltsstoffe in g je kg Futtermittel

4.2.1.

j: \ i:	1 Weizen	2 Gerste	3 Roggen	4 Hafer	5 (64%-iges) Fischmehl
6 Rohfett	18	22	16	48	48
7 Rohfaser	26	60	24	102	2
8 Lysin	3,2	3,7	3,7	4,3	55
9 Rohprotein	109	80	78	87	656
10 Calcium	0,6	0,6	0,8	1,1	54,2
11 Phosphor	3,3	3,5	2,9	3,1	30,0
12 Natrium	0,15	0,76	0,23	0,37	8,05

aus: "Kleiner Helfer für die Berechnung von Futterrationen Wiederkäuer und Schweine", DLG-Verlag 1984

4.2.2.	Weizen	Gerste	Roggen	Hafer
13 Eisen	0,033	0,028	0,046	0,058
14 Kupfer	0,0105	--	0,00833	0,00883
15 Mangan	0,034	0,0165	0,024	0,037
16 Selen	0,001 - 0,0013	- 0,02	- 0,00008	- 0,00005
17 Jod	0,00001	0,00007	0,00007	0,00006
18 Zink	0,0416	0,0316	--	0,045

aus: "Die große GU Vitamin und Mineralstoff Tabelle" und "Die große GU Nährwert Tabelle" von Gräfe und Unzer

4.2.3.	Weizen	Gerste	Roggen	Hafer	(64%-iges) Fischmehl
19 Vitamin A	nur in geringen Spuren vorhanden				
20 Vitamin K	0,0005	--	--	0,0008	0,003
21 Vitamin E	0,011	0,007	0,008	0,008	0,002
22 Vitamin B_2	0,0012	0,0015	0,0015	0,0015	0,007
23 Vitamin B_6	0,003	0,003	0,0025	0,0013	0,0011
24 Vitamin B_{12}	--	--	--	--	0,000150
25 Pantothensäure	0,012	0,007	0,007	0,012	0,01
26 Cholin	0,8	1	3,3	1	3,6
27 Nikotinsäure	0,05	0,06	0,01	0,015	0,06

aus: "Vitamine in der Tierernährung", 1984. Herausgeber: Arbeitsgemeinschaft für Wirkstoffe in der Tierernährung

4.2.4. Verdaulichkeit der organischen Substanz in %
($Verdaulichkeit_i$, i = 1, ..., 5)

Weizen	Gerste	Roggen	Hafer	Fischmehl
91	83	90	70	85

aus: "Kleiner Helfer für die Berechnung von Futterrationen Wiederkäuer und Schweine", DLG-Verlag 1984

4.3. Preise

4.3.1. Vitamine und Mineralien:

Angaben in DM für 100g (erfragt in der Apotheke):

j:	Vitamine:		j:	Mineralien:	
19	A	23,00	10	Calcium	4,20
20	K_3	65,00	11	Phosphor	4,20
21	E	19,55	12	Natrium	1,20
22	B_2	52,80	13	Eisen	13,00
23	B_6	45,20	14	Kupfer	24,80
24	B_{12}	2120,00	15	Mangan	9,40
25	Pantothensäure	182,50	16	Selen	38,40
26	Cholin	19,40	17	Jod	27,00
27	Nikotinsäure	15,50	18	Zink	5,60

4.3.2. Futtermittel:

i:	Angaben in DM für 100kg:	
1	Weizen	40,70
2	Gerste	39,30
3	Roggen	38,90
4	Hafer	38,20
5	Fischmehl(64%-ig)	85,10

aus: Landwirtschaftsblatt Weser-Ems, Nr. 2 vom 12.1.90

5. Bestimmung der Minima und Maxima

5.1. Datengrundlagen

Grundlage unserer Arbeit sind die folgenden beiden Tabellen.

Abb. 1: Lysin-Bedarf wachsender Schweine im Vergleich zu den Empfehlungen in Mischfuttern

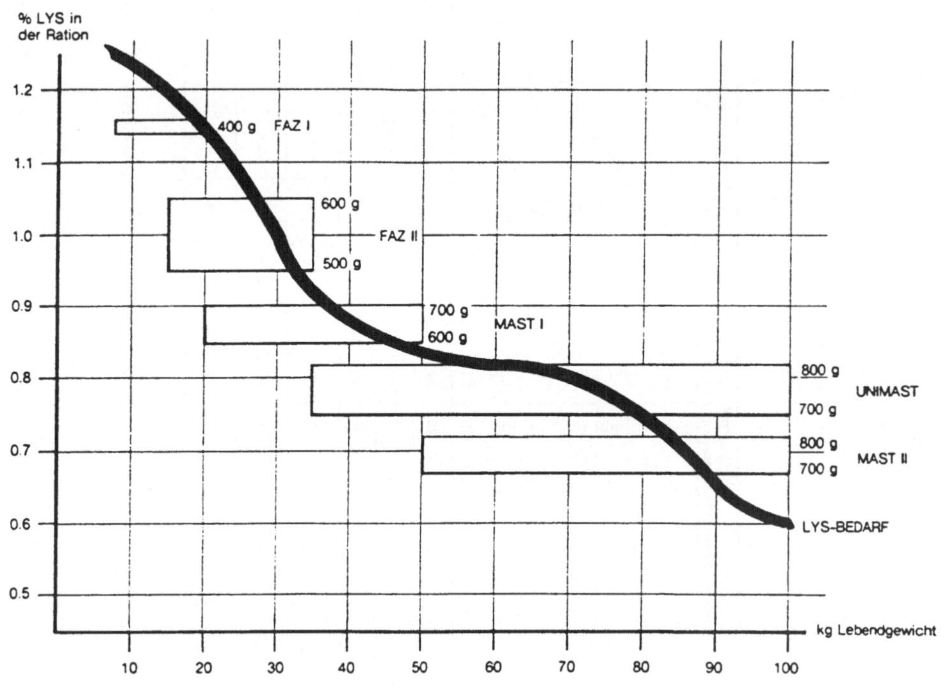

(aus: Aminosäuren in der Tierernährung, 1986 (AWT))

FAZ I = Ferkelaufzuchtfutter I
FAZ II = Ferkelaufzuchtfutter II
MAST I = Mastfutter I
MAST II = Mastfutter II
UNIMAST = Universalmastfutter

Abb. 2:

Mischfutter für Schweine nach DLG-Standard	Inhaltsstoffe und Zusatzstoffe (in v.H. bzw. je kg) unterschiedliche Gehaltsforderungen des DLG-Standardfutters gegenüber dem Normtyp sind fettgedruckt																							
	Energiestufe MJ ME	Lysin, min. v.H.	Rohprotein, min. v.H.	Rohfaser, max. v.H.	Rohfett, max. v.H.	Rohasche, max. v.H.	Calcium (Ca) min. v.H.	Phosphor (P) min. v.H.	Natrium (Na) min. v.H.	Eisen (Fe) min. mg	Kupfer (Cu) min. mg	Mangan (Mn) min. mg	Selen (Se) min. mg	Jod (J) min. mg	Zink (Zn) min. mg	Vitamin A min. I.E.	Vitamin D min. I.E.	Vitamin E min. mg	Vitamin B_2 min. mg	Vitamin B_6 min. mg	Vitamin B_{12} min. mcg	Pantothensäure min. mg	Nikotinsäure min. mg	Cholin min. mg	Vitamin K_3 min. mg
Milchaustauschfutter für Ferkel	–	1,5	24,0	1,5	• 4	8	1,0	0,7	0,2	100	20	30	–	–	70	8000	1000	20	4	–	20	15	20	1250	–
Ferkelaufzuchtfutter I (bis etwa 20 kg)	12,6 13,0	1,1 1,15	18,0 18,5	6	7	–	0,90 0,95	0,7	0,2	110	5	20	0,25	0,15	90	8000	1000	15	3	3	18	10	20	1000	0,15
Ferkelaufzuchtfutter II (bis etwa 35 kg)	12,6 13,0	1,0 1,05	17,0 17,5	6	7	–	0,85 0,90	0,65 0,70	0,15	110	5	20	0,25	0,15	90	8000	1000	15	3	3	18	10	20	1000	0,15
Alleinfutter I für Mastschweine (bis etwa 50 kg)	12,2 12,6 13,0	0,88 0,90 0,92	16,5 17,0 17,5	6	8	–	0,80 0,80 0,85	0,60 0,60 0,65	0,15	50	5	20	0,2	0,15	50	4000	500	11	2,5	3	10	10	15	–	–
Alleinfutter II für Mastschweine (ab etwa 50 kg)	12,2 12,6 13,0	0,76 0,78 0,80	13,5 14,0 14,5	7	10	–	0,65	0,45	0,15	50	5	20	0,2	0,15	50	3000	375	11	2,5	3	10	10	15	–	–
Alleinfutter für Mastschweine (ab etwa 35 kg)	12,2 12,6 13,0	0,80 0,82 0,85	15,0 15,5 16,0	6	9	–	0,70 0,70 0,75	0,50 0,50 0,55	0,15	50	5	20	0,2	0,15	50	4000	500	11	2,5	3	10	10	15	–	–

(aus: DLG-Merkblatt 143, Fütterungshinweise für Schweine, 1987/88)

5.2. Annahmen

Der Lysin-Bedarf in Abb. 1 entspricht dem DLG-Standard für Schweinemischfutter in Abb. 2. Wir nehmen daher an, daß dies auch für die restlichen Inhaltsstoffe (siehe Abb. 2) zugrunde gelegt werden kann.

Deshalb bilden die Werte aus der Tabelle in Abb. 2 die Grundlage für unsere Berechnungen.

Für die angegebenen Gewichtsintervalle der Schweine werden wir die Minimum- bzw. Maximumangaben der Inhalts- und Zusatzstoffe für Schweinemastfutter wie folgt verwenden:

von 0 - 7kg	die Werte aus der Tabelle in Abb. 2 für Milchaufbaufutter für Ferkel
7 - 20kg	die Werte aus der Tabelle in Abb. 2 für Ferkelaufzuchtfutter I
20 - 35kg	die Werte aus der Tabelle in Abb. 2 für Ferkelaufzuchtfutter II
35 - 50kg	die Werte aus der Tabelle in Abb. 2 für Alleinfutter I für Mastschweine
50 - 100kg	die Werte aus der Tabelle in Abb. 2 für Alleinfutter II für Mastschweine

5.3. Überlegungen zum Minimum bzw. Maximum

In der Tabelle (Abb. 2) sind Minima und in drei Fällen Maxima für die einzelnen Inhaltsstoffe angegeben.

Im Fall von wachsenden Kurven (positive Ableitung), d.h. zunehmende Werte eines Inhaltsstoffes bei zunehmendem Gewicht, bezieht sich die Minimumangabe auf den Endpunkt des Gewichtsintervalls, die Maximumangabe auf den Anfangspunkt. Bei fallenden Kurven (negative Ableitung), d.h. abnehmende Werte bei zunehmendem Gewicht, ist es umgekehrt, die Minimumangabe bezieht sich auf den Anfangspuinkt und die Maximumangabe auf den Endpunkt des entsprechenden Gewichtsintervalls.

5.4. Mengenbestimmungen der Inhaltsstoffe

Durch das Interpolationsprogramm AKIMA, dem die Werte aus der Tabelle (Abb. 2) zugrunde gelegt werden, ermitteln wir in 5kg Schritten, für Lysin, Rohprotein, Rohfett, Calcium, Phosphor, Eisen, Zink, Vitamine A, B_2, B_{12}, E und Nikotinsäure die vom Schwein benötigten Mengen in den bestimmten Gewichtsstufen und stellen diese graphisch dar.

5.4.1. Mengenangabe (in Prozent (%), mg je kg (mg), Mikrogramm je kg (mcg) bzw. in internationalen Einheiten (i.E.))

Lysin (min., %):		Rohprotein (min., %):	
F(5.00) =	1.20	F(5.00) =	19.27
F(10.00) =	1.12	F(10.00) =	18.12
F(15.00) =	1.09	F(15.00) =	17.70
F(20.00) =	1.05	F(20.00) =	17.50
F(25.00) =	0.99	F(25.00) =	17.58
F(30.00) =	0.92	F(30.00) =	17.50
F(35.00) =	0.85	F(35.00) =	16.00
F(40.00) =	0.81	F(40.00) =	15.21
F(45.00) =	0.79	F(45.00) =	14.69
F(50.00) =	0.80	F(50.00) =	14.50

Rohfett (max., %):		Calcium (min., %):	
F(5.00) =	7.00	F(5.00) =	0.96
F(10.00) =	7.00	F(10.00) =	0.94
F(15.00) =	7.00	F(15.00) =	0.92
F(20.00) =	7.00	F(20.00) =	0.90
F(25.00) =	7.32	F(25.00) =	0.88
F(30.00) =	8.00	F(30.00) =	0.85
F(35.00) =	9.00	F(35.00) =	0.75
F(40.00) =	9.58	F(40.00) =	0.70
F(45.00) =	9.90	F(45.00) =	0.66
F(50.00) =	10.00	F(50.00) =	0.65

Phosphor (min., %):
F(5.00) = 0.70
F(10.00) = 0.70
F(15.00) = 0.70
F(20.00) = 0.70
F(25.00) = 0.69
F(30.00) = 0.65
F(35.00) = 0.55
F(40.00) = 0.50
F(45.00) = 0.46
F(50.00) = 0.45

Eisen (min., mg):
F(5.00) = 110.00
F(10.00) = 110.00
F(15.00) = 110.00
F(20.00) = 110.00
F(25.00) = 80.00
F(30.00) = 50.00
F(35.00) = 50.00
F(40.00) = 50.00
F(45.00) = 50.00
F(50.00) = 50.00

Zink (min., mg):
F(5.00) = 90.00
F(10.00) = 90.00
F(15.00) = 90.00
F(20.00) = 90.00
F(25.00) = 70.00
F(30.00) = 50.00
F(35.00) = 50.00
F(40.00) = 50.00
F(45.00) = 50.00
F(50.00) = 50.00

Vitamin A (min., i.E.)
F(5.00) = 8000.00
F(10.00) = 8000.00
F(15.00) = 8000.00
F(20.00) = 8000.00
F(25.00) = 6071.43
F(30.00) = 4000.00
F(35.00) = 4000.00
F(40.00) = 3724.87
F(45.00) = 3417.99
F(50.00) = 3000.00

Vitamin B_2 (min., mg):
F(5.00) = 3.15
F(10.00) = 2.95
F(15.00) = 3.03
F(20.00) = 3.00
F(25.00) = 2.70
F(30.00) = 2.50
F(35.00) = 2.50
F(40.00) = 2.50
F(45.00) = 2.50
F(50.00) = 2.50

Vitamin B_{12} (min., mcg):
F(5.00) = 18.44
F(10.00) = 17.74
F(15.00) = 18.15
F(20.00) = 18.00
F(25.00) = 13.74
F(30.00) = 10.00
F(35.00) = 10.00
F(40.00) = 10.00
F(45.00) = 10.00
F(50.00) = 10.00

Vitamin E (min., mg):		Nikotinsäure (min., mg):	
F(5.00) =	15.82	F(5.00) =	20.00
F(10.00) =	14.68	F(10.00) =	20.00
F(15.00) =	15.18	F(15.00) =	20.00
F(20.00) =	15.00	F(20.00) =	20.00
F(25.00) =	12.68	F(25.00) =	17.50
F(30.00) =	11.00	F(30.00) =	15.00
F(35.00) =	11.00	F(35.00) =	15.00
F(40.00) =	11.00	F(40.00) =	15.00
F(45.00) =	11.00	F(45.00) =	15.00
F(50.00) =	11.00	F(50.00) =	15.00

5.4.2. Graphiken

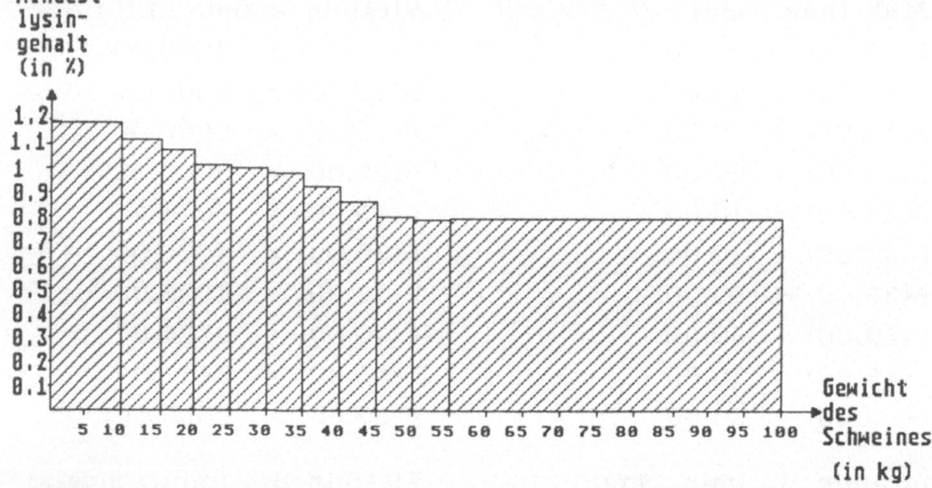

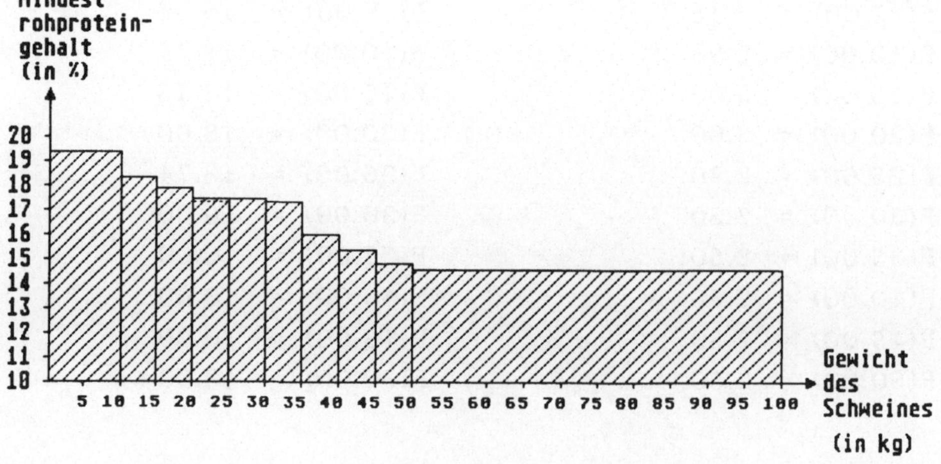

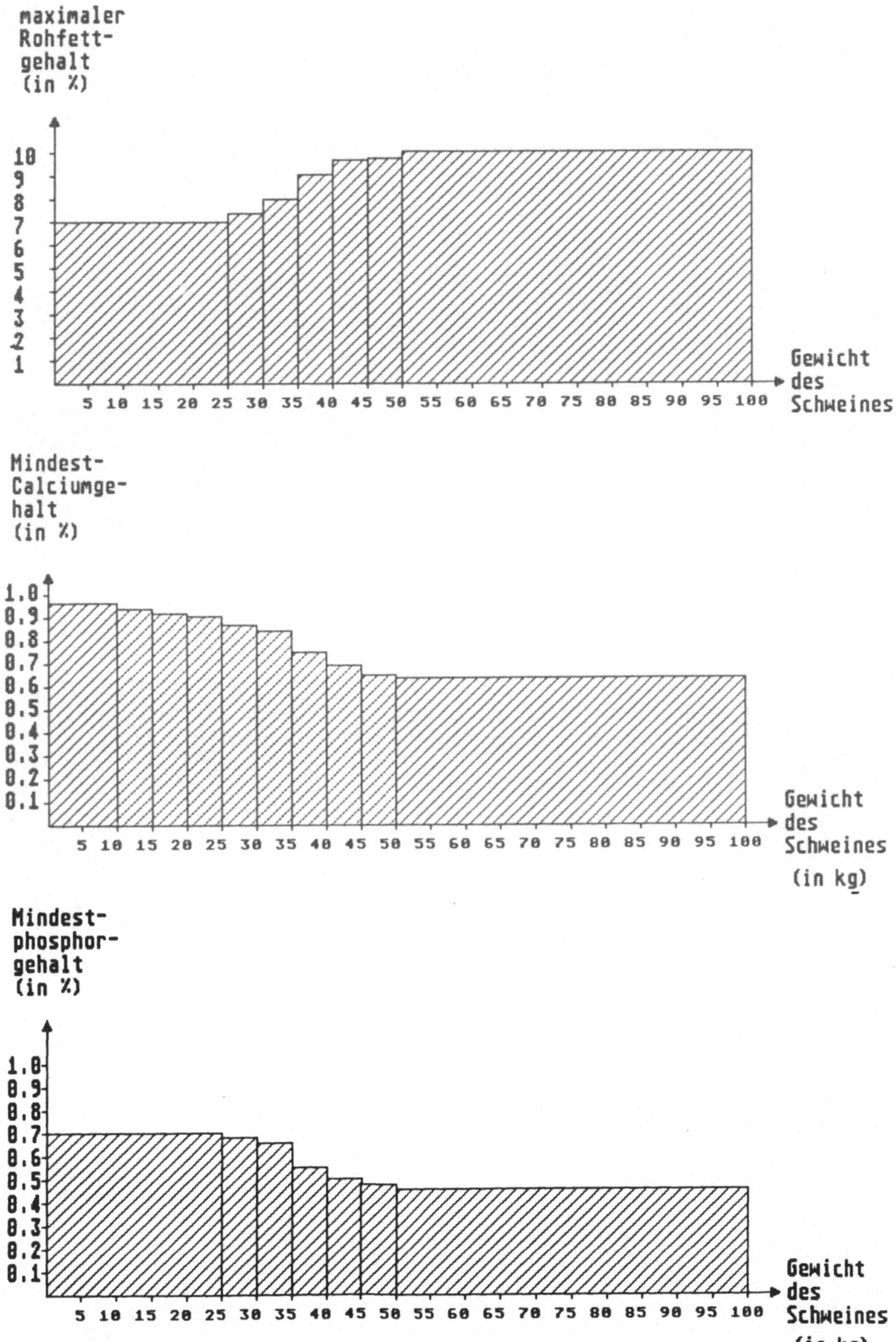
maximaler Rohfett-gehalt (in %)
10 9 8 7 6 5 4 3 2 1
5 10 15 20 25 30 35 40 45 50 55 60 65 70 75 80 85 90 95 100
Gewicht des Schweines
Mindest-Calciumge-halt (in %)
1.0 0.9 0.8 0.7 0.6 0.5 0.4 0.3 0.2 0.1
5 10 15 20 25 30 35 40 45 50 55 60 65 70 75 80 85 90 95 100
Gewicht des Schweines (in kg)
Mindest-phosphor-gehalt (in %)
1.0 0.9 0.8 0.7 0.6 0.5 0.4 0.3 0.2 0.1
5 10 15 20 25 30 35 40 45 50 55 60 65 70 75 80 85 90 95 100
Gewicht des Schweines (in kg)

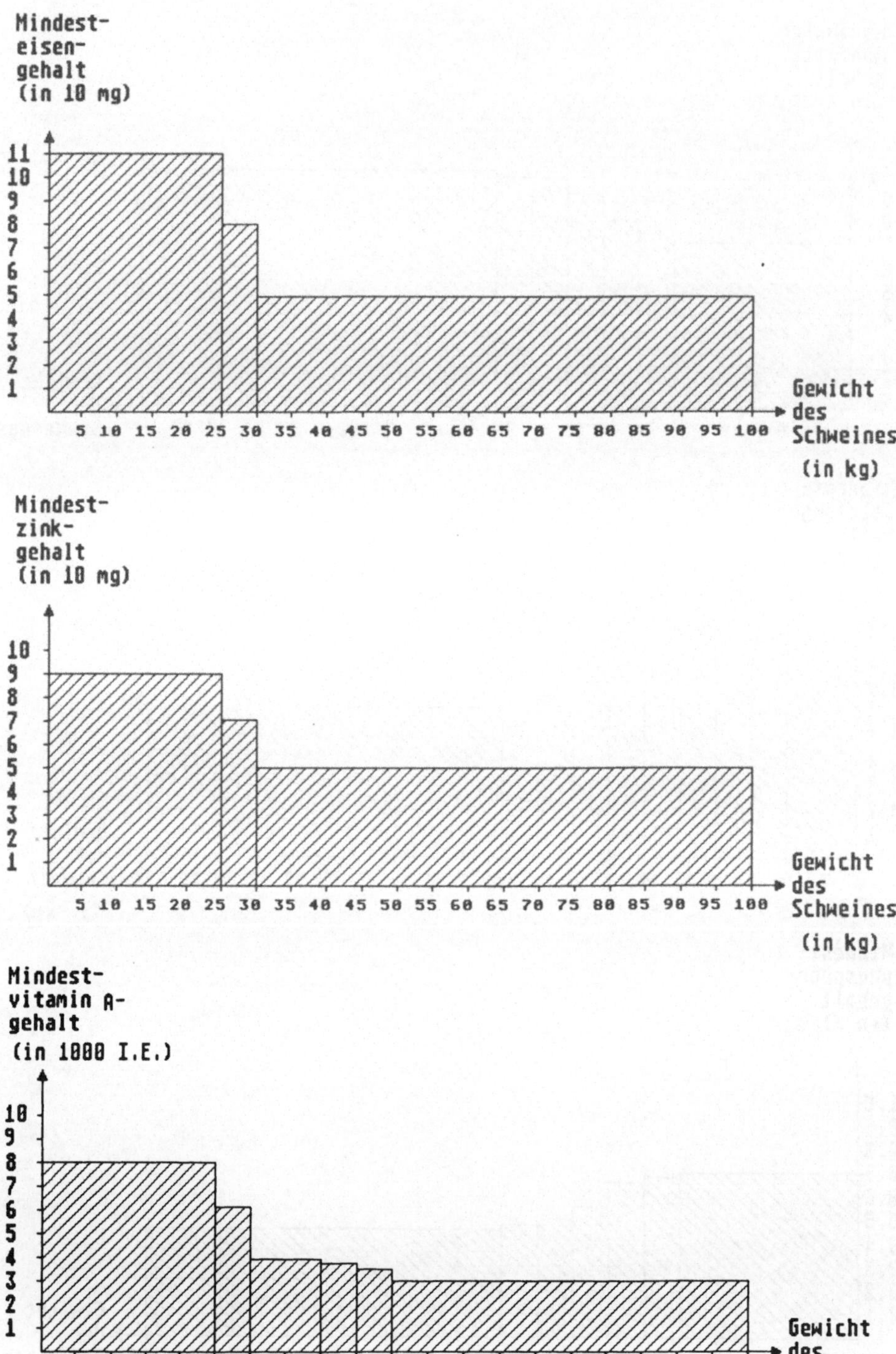
Mindest-
eisen-
gehalt
(in 10 mg)
11
10
9
8
7
6
5
4
3
2
1
5 10 15 20 25 30 35 40 45 50 55 60 65 70 75 80 85 90 95 100
Gewicht
des
Schweines
(in kg)
Mindest-
zink-
gehalt
(in 10 mg)
10
9
8
7
6
5
4
3
2
1
5 10 15 20 25 30 35 40 45 50 55 60 65 70 75 80 85 90 95 100
Gewicht
des
Schweines
(in kg)
Mindest-
vitamin A-
gehalt
(in 1000 I.E.)
10
9
8
7
6
5
4
3
2
1
5 10 15 20 25 30 35 40 45 50 55 60 65 70 75 80 85 90 95 100
Gewicht
des
Schweines
(in kg)

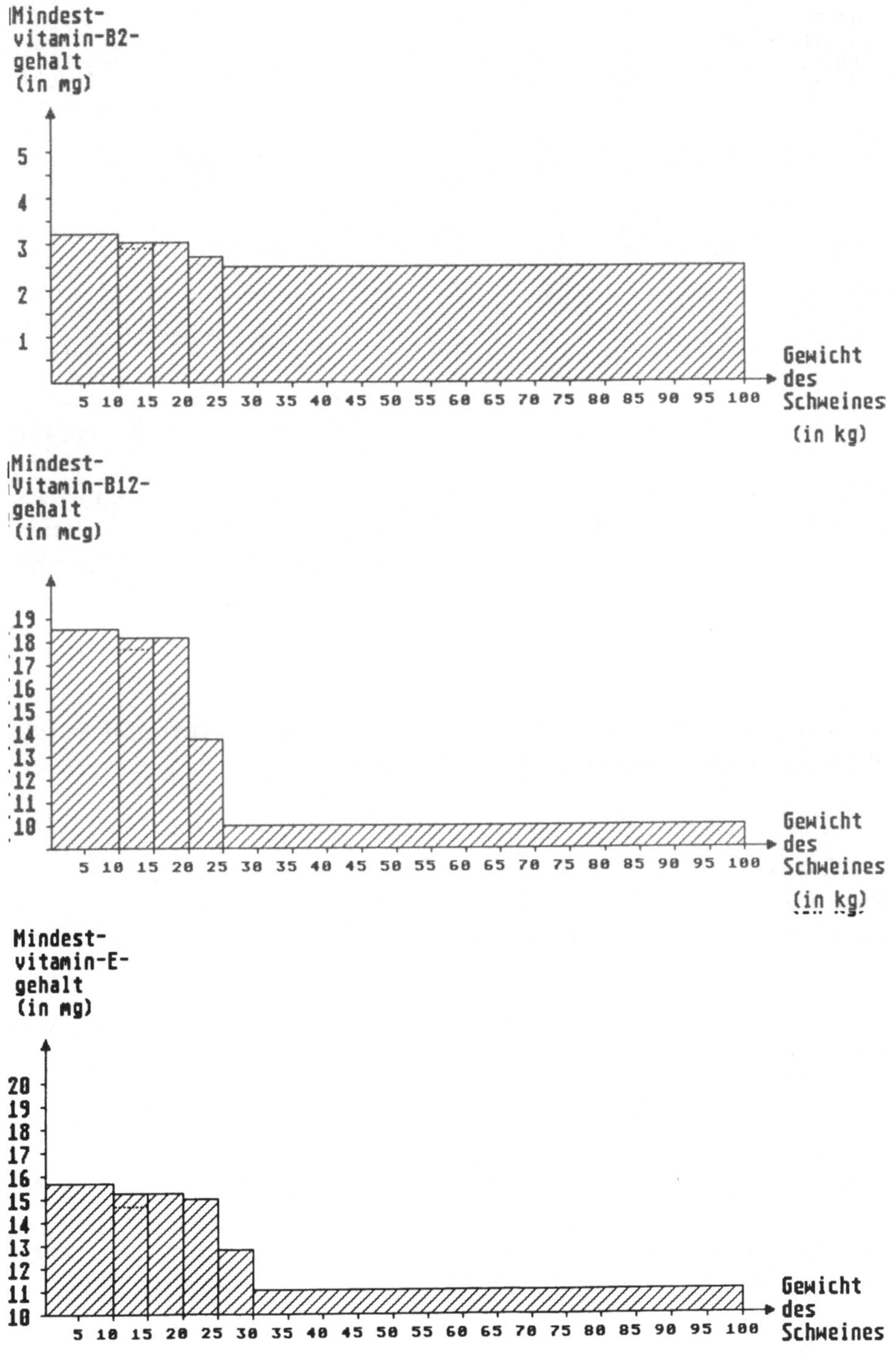
Mindest-
vitamin-B2-
gehalt
(in mg)
5
4
3
2
1
Gewicht
des
Schweines
(in kg)
5 10 15 20 25 30 35 40 45 50 55 60 65 70 75 80 85 90 95 100
Mindest-
Vitamin-B12-
gehalt
(in mcg)
19
18
17
16
15
14
13
12
11
10
5 10 15 20 25 30 35 40 45 50 55 60 65 70 75 80 85 90 95 100
Gewicht
des
Schweines
(in kg)
Mindest-
vitamin-E-
gehalt
(in mg)
20
19
18
17
16
15
14
13
12
11
10
5 10 15 20 25 30 35 40 45 50 55 60 65 70 75 80 85 90 95 100
Gewicht
des
Schweines
(in kg)

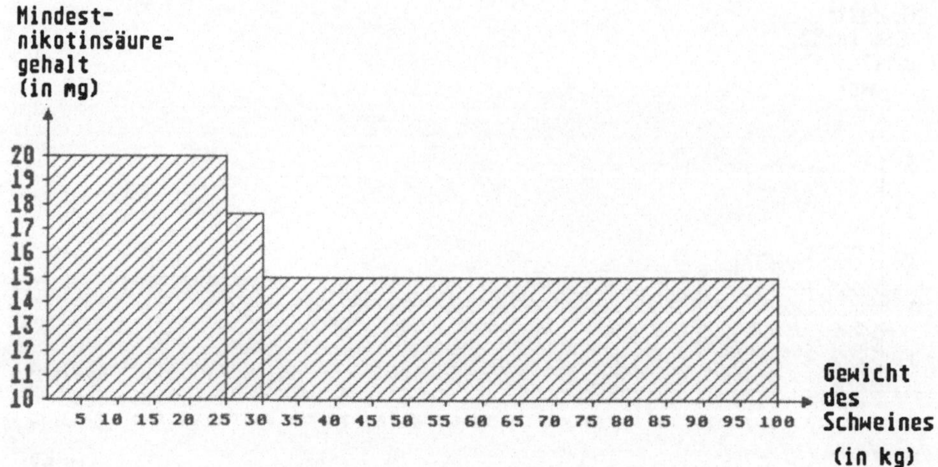

Eventuelle "Ausreißer" (gestrichelte Querlinien in den Graphiken), die durch die Interpolation geliefert werden, wurden dem nächst gelegenen Wert entsprechend den Überlegungen in 5.3. angeglichen.

5.4.3. Bestandteile mit konstanten Werten

Alle anderen Bestandteile sind in dem betrachteten Bereich ab 20kg wesentlich konstant:

Gewicht	0-7kg	7-20kg	20-35kg	35-50kg	50-100kg
Rohfaser %	1,5	6	6	6	7
Natrium %	0,2	0,2	0,15	0,15	0,15
Kupfer mg	20	5	5	5	5
Mangan mg	30	20	20	20	20
Selen mg	-	0,25	0,25	0,2	0,2
Jod mg	-	0,15	0,15	0,15	0,15
Vitamin B_6 mg	-	3	3	3	3
Pantothensäure mg	15	10	10	10	10
Cholin mg	1250	1000	1000	-	-
Vitamin K_3 mg	-	0,15	0,15	-	-

Eventuelle Ausnahmepunkte, die vom Programm geliefert werden, werden dem nächstgelegenen Wert angeglichen.

6. Programmdokumentation

Zur Optimierung wurde das Programm LP 90 von P. Stahlknecht und R. Ohmmann benutzt.
Dieses Programm beruht auf der revidierten Simplex-Methode und ist in Pascal geschrieben.

6.1. Das Simplex-Tableau (vgl. Anhang 1)

Im Simplex-Tableau stehen alle Eingabedateien, die zur Optimierung der Futtermischung notwendig sind.

Erklärung der Begriffe:

1. Die Spaltenvariablen 1 bis 27 (vgl. 3.2.)

Sie stehen für die noch zu berechnende Menge der Stoffe in kg, die an das Schwein verfüttert werden sollen.
Dabei sind die Variablen

1 bis 5 als die Grundkomponenten des Futters und
6 bis 27 als Zusatzstoffe

anzusehen.

Das Programm berechnet unter Berücksichtigung der Mindest- und Maximalweite der Nährstoffkomponenten (d.h. im Eiweiß, Vitaminen, ...) und Einhaltung einer Gesamttagesfuttermenge die Werte für die Spaltenvariablen so, daß der Gesamtpreis minimiert wird. Die berechneten Werte sind bei den "optimalen Lösungen" (siehe Anhang 2) nachzumessen.

2. Zielwert

Die Zahlen in der Zeile Zielwert geben die Kilopreise der entsprechenden Spaltenvariable an, z.B.: 1kg Gerste kostet 0,393 DM (vgl. 4.3.)

3. Zielfunktion (vgl. 3.1.)

Sie lautet im Programm:

$$z = \sum_{i=1}^{27} \text{Spaltenvariable (Spalte i)} \cdot \text{Zielwert (Spalte i)}$$

(beachte: Spaltenvariable in kg gemessen, Zielwert in /kg gemessen).

Diese Summe minimiert das Programm unter den vorgegebenen Nebenbedingungen (vgl. 3.1. b).

4. Zu den Zeilen 1 bis 23 (d.h. Tagmenge bis Nikotinsäure)

Wir erklären hier ausführlich die Bezeichnungen und die Inhalte des Simplextableau in Anhang 1. Hier stehen allgemein die Randbedingungen in Form von Gleichungen bzw. Ungleichungen, unter denen das Programm die Zielfunktion optimiert. Beachte, daß im folgenden * Typ * immer = oder > oder < bedeutet.

$$\sum_{i=1}^{27} a_{Zeile,j} \text{ Spaltenvariable (Spalte j)} * \text{Typ} * \text{RHS(2)(Zeile)}$$

wobei

$a_{Zeile,j}$ = Koeffizient aus der j-ten Spalte in der entsprechenden Zeile
für $a_{Zeile,j}$ sind Zahlwerte einzusetzen

Typ : für Typ können die Zeichen "<", ">" bzw. "=" eingesetzt werden, je nachdem ob es sich um eine Ungleichung oder Gleichung handelt.
">" bedeutet, daß die linke Seite mindestens so groß wie der RHS(2)-Wert sein muß
"<" bedeutet, daß die linke Seite höchstens so groß wie der RHS(2)-Wert sein darf
"=" bedeutet, daß die linke Seite und der RHS(2) gleich sein müssen

RHS(2)(Zeile): Für RHS(2)(Zeile) müssen Zahlwerte eingesetzt werden. Er bezeichnet die rechte Seite der (Un-) Gleichung, die in der entsprechenden Zeile steht.

a) <u>Zu der Zeile Tagmenge (vgl. auch 3.1. a)</u>:

In der Zeile Tagmenge steht in kg die Gleichung für die Nebenbedingung, daß unabhängig von der Zusammensetzung des Futters eine Gesamttagesfuttermenge eingehalten werden muß, deren Wert sich in Abhängigkeit des Lebendgewichtes aus Tab. 4.1. ergibt.
Die formale Gleichung

$$\sum_{i=1}^{27} a_{Tagmenge,j} \text{ Spaltenvariable (Spalte j) *Typ* RHS(2)(Tagmenge)}$$

soll jetzt die Gleichung

$$\sum_{i=1}^{5} \textit{Stoff } i = \textit{Tagmenge}$$

aus 3.1. darstellen.

Damit muß also gelten:

$a_{Tagmenge,j}$ = 1 für j = 1 bis 5
$a_{Tagmenge,j}$ = 0 für j = 6 bis 27
RHS(2) = Wert für Gesamtfuttermenge aus Tab. 4.1.

Typ muß durch "=" ersetzt werden.

b) <u>Zu den Zeilen 2 - 23 (bzw. Rohfaser bis Nikotinsäure)</u>:

Hier stehen die Nebenbedingungen, daß im Futter, die Mindest- bzw. Höchstwerte in g der entsprechenden Nährstoffkomponenten (verschiedene Vitamine, Mineralien etc.) einzuhalten sind.
Die Ungleichung

$$\sum_{k=1}^{27} a_{j,k} \text{ Spaltenvariable (Spalte j) * Typ * RHS(2)(j)}$$

soll jetzt die Ungleichungen

$$\textit{Stoff}_j^{auto} + \textit{Stoff}_j^{auto} \le \max j \quad (\text{für } j = 2,3)$$
$$\textit{Stoff}_j + \textit{Stoff}_j \ge \min j \quad (\text{für } j = 4,23)$$

aus 3.1. darstellen.

Damit muß also gelten:

- Typ muß in den Zeilen 2 und 3 durch "<" , und in den Zeilen 4 bis 23 durch ">" ersetzt werden
- RHS(2)(j) muß entsprechend durch die Maximalwerte der Gesamtmenge in g von Rohfaser (j=2), bzw. Rohfett (j=3) in dem Futter und für j ≥ 4 durch die Minimalwerte für die Gesamtmenge in g in dem Futter des Stoffes aus der j-ten Zeile, ersetzt werden (vgl. Tabelle und Graphiken aus 5.4.)
- Wegen 3.1. (b) haben wir

$$Stoff_j^{auto} = \sum_{k=1}^{5} Stoff_k \,[\mathrm{kg}] * Inhalt_j\,(k) \left[\frac{\mathrm{g}}{\mathrm{kg}}\right] * Verdaulichkeit_j\,[\%]$$

also für j = 2, ..., 8 Rohfaser, Rohfett, Lysin, Rohprot, ..., Natrium

bzw.

$$Stoff_j^{auto} = \sum_{k=1}^{5} Stoff_k \,[\mathrm{kg}] * Inhalt_j\,(k) \left[\frac{\mathrm{g}}{\mathrm{kg}}\right] \text{ für } j = 9, \ldots, 23.$$

Daraus ergibt sich also der Koeffiziert a_{jk} zu (vgl. auch 4.2.)

$$a_{jk} \begin{cases} Inhalt_j\,(k) * Verdaulichkeit_j & k = 1, \ldots, 5 \\ 1000 & k = j + 4 \\ 0 & 0 \text{ sonst} \end{cases}$$

(für j = 9, ,8)

$$a_{jk} \begin{cases} Inhalt_j\,(k) & k = 1, \ldots, 5 \\ 1000 & k = j + 4 \quad j = 9, \ldots, 23 \\ 0 & \text{sonst} \end{cases}$$

Beachte für k = j+4, j = 2, ..., 23 bezeichnet die Spalte k denselben Stoff wie die Zeile j; z.B. enthält 1kg Vitamin A 1000g verdauliches Vitamin A, also $a_{jj+4} = 1000$). Offensichtlich gibt also der Faktor a_{jk} im Modell die verdaulichen Menge des Stoffes j in g an, der in 1kg von Stoff R enthalten ist, für j, k wie angegeben.

Beispiel:

Die Nebenbedingung für Lysin bei Schweinen zwischen 40 - 45kg lautet (aus dem Simplex-Tableau in Anhang 1, Zeile 4),

$$\text{Weizen [kg]} \cdot 2{,}912 \left[\frac{g}{kg}\right] + \text{Gerste [kg]} \cdot 3{,}071 \left[\frac{g}{kg}\right]$$

$$+ \text{Roggen [kg]} \cdot 3{,}33 \left[\frac{g}{kg}\right] + \text{Hafer [kg]} \cdot 3{,}01 \left[\frac{g}{kg}\right] +$$

$$\text{Fischmehl [kg]} \cdot 46{,}75 \left[\frac{g}{kg}\right] + \text{Lysin [kg]} \cdot 1000 \left[\frac{g}{kg}\right] > 12{,}96\ [g]$$

Bemerkung:

Da sich bei verschiedenen Gewichtsstufen des Schweines nur die RHS(2)- Werte ändern, ist im Anhang 1 als Beispiel nur das Simplex-Tableau für die Gewichtsklasse 40 - 45kg enthalten.
Die veränderten RHS(2)-Werte befinden sich bei den optimalen Lösungen (Zeilenvariable) in Anhang 2.

6.2. Die Ausgabe der Lösung (vgl. Anhang 2)

Wir erklären hier ausführlich die Bezeichnungen und die Inhalte der Ergebnistabellen in Anhang 2.

1. Die Seiten "Zeilenvariable":

a) Die Kosten:

Sie sind der optimale Wert der Zielfunktion bei der vom Programm berechneten Futtermischung.

b) Die Spalten "Untergrenze" und "Obergrenze":

Die Werte in der Spalte "Untergrenze" bzw. "Obergrenze" sind die eingegebenen RHS(2)-Werte, falls der Typ der Ungleichung ">" bzw. "<" war, d.h. die RHS(2)-Werte Minimum bzw. Maximum bezeichnen (vgl. 5.3.)
Vgl. etwa das Simplex-Tableau in Anhang 1 mit der Seite Zeilenvariable 40 - 45kg.

c) Die Spalte "Aktivität":

Die Werte in der Spalte "Aktivität" geben die Menge der Inhaltsstoffe in g in der vom Programm zusammengestellten Futtermischung an.

d) Die Spalte "Slack-Aktivität":

Sie gibt die Differenz zwischen den Werten aus der Spalte Aktivität und den eingegebenen RHS(2)-Werten an.

e) Die Spalte "an":

Sie gibt nur an, ob der RHS(2)-Wert angenommen wurde. Dabei bedeutet:

"UG", daß der Stoff dieser Zeile in der berechneten Futtermischung nur in der geforderten Mindestmenge vorkommt, d.h. es wurde die Untergrenze der möglichen Inhaltsmenge angenommen.

"BS", daß die Menge des Stoffes dieser Zeile in der berechneten Futtermischung weder ein Mindest- noch ein Höchstwert ist.

"OG", daß der Stoff dieser Zeile in dem berechneten Futter in der erlaubten Höchstmenge vorkommt.

"EQ", daß diese Nebenbedingung eine Gleichung ist.

2. Die Seiten "Spaltenvariable":

a) Die Spalte "Aktivität":

Die Werte in dieser Spalte liefern in kg die vom Programm berechnete Menge der einzelnen Futterkomponenten.

b) Die Spalte "Einsatzkosten":

Hier stehen die Preise der Futterkomponenten in $\frac{DM}{kg}$ (vgl. 4.3.). Für 40 - 45kg vgl. die Zeile "Zielwert" aus dem Simplextableau in Anhang 1.

c) Die Spalte "an":

Diese Spalte hat für unsere Futtermischung keine Bedeutung.

6.3. Die Gesamtkosten zur Mästung eines Schweines

Nach dem folgenden Mastplan betragen die Kosten für die Mästung eines Schweines von 20kg auf 100kg in 118 Tagen 112,54 DM.

Mastplan für ein Schwein ab 20kg:

Futtermischung:	Anfangsgewicht in kg	Futterkosten in DM	Anzahl der Tage
20 - 25kg	20	0,6	9
25 - 30kg	25,40	0,66	9
30 - 35kg	30,08	0,71	9
35 - 40kg	35,12	0,73	9
40 - 45kg	40,16	0,72	7
45 - 50kg	45,27	0,90	7
50 - 55kg	50,38	0,99	7
55 - 60kg	55,49	0,99	7
60 - 65kg	60,6	1,08	7
65 - 70kg	65,71	1,08	7
70 - 75kg	70,82	1,17	6
75 - 80kg	75,53	1,17	6
80 - 85kg	80,24	1,21	7
85 - 100kg	85,42	1,21	21

7. Auswertung

Die Kosten für die Aufzucht eines Schweines nach den hier vorgeschlagenen Verfahren liegen bei DM 112,54. Bei dem derzeit meist üblichen Verfahren (d.h. die erste Futtersorte bis 35kg Lebendgewicht, die zweite Futtersorte ab 35kg Lebendgewicht) ergeben sich Kosten von DM 110,83.

Dabei handelt es sich um Preise von Ende 1989. Es ist zu berücksichtigen, daß es sich bei den im vorliegenden Modell benutzten Preisen im wesentlichen um die Händler-Einkaufs-Preise handelt, während die Preise für die Mast im üblichen Verfahren die Mäster-Einkaufs-Preise sind, die sicher in der Regel höher liegen. Andererseits wäre es nach dem Grundprinzip des hier dargestellten Modells folgerichtig, die Verwendung von Mais, Sojaprodukten und zu hoch dosierten Zusatzstoffen (wie z. B. bei Kupfer der Fall in den handelsüblichen Mischfuttersorten) mit "Strafpunkten" zu versehen. Das würde sich sinnvollerweise in deutlichen Preiserhöhungen dieser Produkte (virtuelle Preise) darstellen lassen. Wir haben auf eine Umsetzung dieses Verfahrens hier verzichtet, da dies in Anbetracht der relativen Unsicherheit aller benutzten Preise und auch einiger anderer Parameter keine zusätzlichen Informationen geliefert hätte.

Interessant ist, daß die vorgeschlagene abgestufte Fütterung technisch kein Problem darstellt. Es gibt inzwischen sogar die technischen Möglichkeiten zur individuellen Futterzusammensetzung und -bemessung für jedes einzelne Tier.

8. Literaturverzeichnis

- Akima, H., A new method of interpolation and smooth curve fitting based on local procedures, Journal of the ACM, 17, (1970), 589 - 602

- Allgemeine Fleischerzeitung (afz) vom 18.10.89

- Aminosäuren in der Tierhaltung, Arbeitsgemeinschaft für Wirkstoffe in der Tierernährung e.V., Adenauerallee 170, 5300 Bonn 1, (AWT) 1986

- Auswertungs- und Informationsdienst für Ernährung, Landwirtschaft und Forsten (AID):
  - Gülle - ein wertvoller Wirtschaftsdünger, 1985
  - Schlachtvieh verkaufen, 1985
  - Schlachtvieh verkaufen, Nr. 113: 1982
  - Qualität anbieten: Schweinefleisch, 1986
  - Schweine schonend behandeln, 1984
  - Schweinekrankheiten, 1979
  - Schweinemast, 1975
  - Deutsche Hybridschweine , 1977
  - Stallklima und Stallüftung, 1975
  - Heft 79: Hygiene in der Schweinehaltung, 1981
  - Heft 1049: Mastschweine richtig füttern, 1987
  - Heft 1062: Ferkel wirtschaftlich erzeugen, 1989
  - Heft 1187: Handelsklassen für Schweinehälften, 1987
  - Heft 1196: Flüssigfütterung von Mastschweinen, 1987

- Auszug aus den DLG-Futterwerttabellen

- DLG Information: Stallklima, Leistung und Wirtschaftlichkeit in der Schweinemast, 1986

- DLG Merkblatt Nr. 143: Fütterungshinweise für Schweine, 1987/88

- DLG Merkblatt Nr. 253: Computereinsatz bei der Flüssigfütterung von Mastschweinen, 1987

- 300 Futtermischungen für Schweine, Referat Futter u. Fütterung der Landwirtschaftskammer Hannover, 1979

- Gräfe und Unzer: Die große GU Nährwert-Tabelle, Neuausgabe 1990/91

- Gräfe und Unzer: Die große GU Vitamin- u. Mineralstoff-Tabelle

- Granz, Ernst: Tierproduktion, Paul Parey, 9. Aufl., 1982

- Kleiner Helfer für die Berechnung von Futterrationen (Wiederkäuer und Schweine), DLG-Verlag Frankfurt/Main, 7. Auflage

- Kleiner Helfer für die Berechnung von Futterrationen (Wiederkäuer und Schweine), DLG-Verlag Frankfurt/Main 8. Auflage 1985

- Landwirtschaftsblatt Weser-Ems, 5. Jan. 90, 137. Jahrgang

- Landwirtschaftsblatt Weser-Ems Nr. 2, 12.1.90

- Pries, Hans-Dieter: Analyse der Wettbewerbsfähigkeit verschiedener Produktionsformen der Schweinehaltung in Niedersachsen (Dissertation)

- E.C. Straiton: Schweinekrankheiten erkennen, behandeln und vermeiden, Verlagsunion Agrar

- Verordnung zum Schutz von Schweinen bei Stallhaltung (Schweinehaltungsverordnung) vom 30. Mai 88

- Vitamine in der Tierhaltung, Arbeitsgemeinschaft für Wirkstoffe in der Tierernährung e.V., Adenauerallee 170, 5300 Bonn 1, (AWT) 1984

Anhang 1

Simplextableau

(für das Gewichtsintervall 40 bis 45kg)

40 - 45 kg

Minimumaufgabe mit 23 Zeilen und 27 Spalten

Nr.			1	2	3	4	5	6	7	8
Name			Weiz	Gerst	Rogg	Hafer	Fisch	Rohfa	Rohfe	Lysin
Zielwert			0.407	0.393	0.389	0.382	0.851	10000000	0.75	9.5
Nr.	Name	RHS2								
1	Tagmenge	1.6	1.6	1	1	1	1	0	0	0
2	Rohfaser	96	23.26	49.8	21.6	71.4	1.7	1000	0	0
3	Rohfett	163.28	16.38	18.26	14.4	33.6	40.8	0	1000	0
4	Lysin	12.96	2.912	3.071	3.33	3.01	46.75	0	0	1000
5	Rohprot	243.36	109	80	78	87	614	0	0	0
6	Calzium	11.2	0.546	0.488	0.72	0.77	46.07	0	0	0
7	Phosphor	8	3.103	2.905	2.61	2.17	25.5	0	0	0
8	Natrium	2.4	0.1365	0.6308	0.217	0.259	6.8425	0	0	0
9	Eisen	0.08	0.033	0.028	0.046	0.058	0.043	0	0	0
10	Kupfer	0.008	0.0105	0	0.00883	0.00883	0	0	0	0
11	Mangan	0.032	0.034	0.0165	0.024	0.037	0.00345	0	0	0
12	Selen	0.0004	0.00065	0.02	0.00008	0.00005	0	0	0	0
13	Jod	0.00024	0.00001	0.00007	0.00007	0.00006	0	0	0	0
14	Zink	0.08	0.0416	0.0316	0	0.045	0	0	0	0
15	Vit.A	0.001788	0.0007	0	0.0006	0	0	0	0	0
16	Vit.K	0	0.0005	0	0	0.0008	0.0003	0	0	0
17	Vit.E	0.0176	0.011	0.007	0.008	0.008	0.002	0	0	0
18	Vit.B2	0.004	0.0012	0.0015	0.0015	0.0015	0.007	0	0	0
19	Vit.B6	0.0048	0.0044	0.0056	0.0029	0.0096	0.0011	0	0	0
20	Vit.B12	0.000016	0	0	0	0	0.00015	0	0	0
21	Pan.säur.	0.016	0.012	0.007	0.007	0.012	0.01	0	0	0
22	Cholin	1.6	0.8	1	3.3	1	3.6	0	0	0
23	Nik.säur.	0.024	0.05	0.06	0.01	0.015	0.06	0	0	0

40 - 45 kg

Minimumaufgabe mit 23 Zeilen und 27 Spalten

Nr.	9	10	11	12	13	14	15	16	17	18
Name	verd. Roh.	Ca	F	Na	Fe	Cu	Mn	Se	J	Zn
Zielwert	1.40	42	42	12	130	248	94	384	270	56

40 - 45 kg

Minimumaufgabe mit 23 Zeilen und 27 Spalten

Nr.	19	20	21	22	23	24	25	26	27
Name	Vit.A	Vit.K	Vit.E	Vit.B2	Vit.B 6	Vit.B12	Panth.	Cholin	Nikot.
Zielwert	230	650	195.5	528	452	21200	1825	194	155

Anhang 2

Optimale Lösung

5 - 10 kg

Kosten: 0,50 DM

Zeilenvariable

Nr.	Name	an	Aktivität	Slack-Aktivität	Untergrenze	Obergrenze
1	Tagmenge	EQ	1.000000		1.000000	1.000000
2	Rohfaser	BS	56.005382	3.994618	keine	60.000000
3	Rohfett	BS	34.316724	38.683276	keine	70.000000
4	Lysin	BS	12.000000		12.000000	keine
5	Rohprot	BS	190.579295	- 2.231194	192.700000	keine
6	Calzium	BS	10.063471	- 0.463471	9.600000	keine
7	Phosphor	UG	7.000000		7.000000	keine
8	Natrium	UG	2.000000		2.000000	keine
9	Eisen	UG	0.110000		0.110000	keine
10	Kupfer	UG	0.006577	- 0.001577	0.005000	keine
11	Mangan	BS	0.029088	-0.009088	0.020000	keine
12	Selen	BS	0.004710	-0.004460	0.000250	keine
13	Jod	UG	0.000150		0.000150	keine
14	Zink	UG	0.090000		0.090000	keine
15	Vit.A	UG	0.002400		0.002400	keine
16	Vit.K	BS	0.001212	-0.001062	0.000150	keine
17	Vit.E	UG	0.015820		0.015820	keine
18	Vit.B2	UG	0.003150		0.003150	keine
19	Vit.B6	BS	0.007655	-0.004655	0.003000	keine
20	Vit.B12	BS	0.000031	-0.000012	0.000019	keine
21	Pan.säure	BS	0.011341	-0.001341	0.010000	keine
22	Cholin	BS	1.534205	-0.534205	1.000000	keine
23	Nik.säure	BS	0.026483	-0.006483	0.020000	keine

5-10 kg

Spaltenvariable

Nr.	Name	an	Aktivität	Einsatzkosten
1	Weizen	UG		0.407000
2	Gerste	BS	0.049714	0.393000
3	Roggen	UG		0.389000
4	Hafer	BS	0.744823	0.382000
5	Fischm.	BS	0.205463	0.851000
6	Rohfaser	UG		100000.000000
7	Rohfett	UG		0.750000
8	Lysin	UG		9.500000
9	verd.Roh	UG		1.400000
10	Ca	UG		42.000000
11	P	UG		42.000000
12	Na	BS	0.000370	12.000000
13	Fe	BS	0.000057	130.000000
14	Cu	UG		248.000000
15	Mn	UG		94.000000
16	Se	UG		384.000000
17	J	BS		270.000000
18	Zn	BS	0.000055	56.000000
19	Vit.A	BS	0.000002	230.000000
20	Vit.K	UG		650.000000
21	Vit.E	BS	0.000009	195.500000
22	Vit.B2	BS	0.000001	528.000000
23	Vit.B6	UG		452.000000
24	Vit.B12	UG		21200.000000
25	Panthot	UG		1825.000000
26	Cholin	UG		194.000000
27	Nikotin	UG		155.000000

10 - 15 kg **Kosten: 0,50 DM**

Zeilenvariable

Nr.	Name	an	Aktivität	Slack-Aktivität	Untergrenze	Obergrenze
1	Tagmenge	EQ	1.000000		1.000000	1.000000
2	Rohfaser	BS	52.427646	7.572354	keine	60.000000
3	Rohfett	BS	31.446511	38.553489	keine	70.000000
4	Lysin	BS	11.757170	-0.557170	11.200000	keine
5	Rohprot	BS	190.579295	-9.379295	181.000000	keine
6	Calzium	BS	9.748337	-0.348337	9.400000	keine
7	Phosphor	UG	7.000000		7.000000	keine
8	Natrium	UG	2.000000		2.000000	keine
9	Eisen	UG	0.110000		0.110000	keine
10	Kupfer	UG	0.005000		0.005000	keine
11	Mangan	BS	0.025503	-0.005503	0.020000	keine
12	Selen	BS	0.004710	-0.004460	0.000250	keine
13	Jod	UG	0.000150		0.000150	keine
14	Zink	UG	0.090000		0.090000	keine
15	Vit.A	UG	0.002400		0.002400	keine
16	Vit.K	BS	0.001052	-0.000902	0.000150	keine
17	Vit.E	UG	0.015820		0.015820	keine
18	Vit.B2	UG	0.003030		0.003030	keine
19	Vit.B6	BS	0.006967	-0.003967	0.003000	keine
20	Vit.B12	BS	0.000030	-0.000011	0.000019	keine
21	Pan.säure	BS	0.010430	-0.000430	0.010000	keine
22	Cholin	BS	1.519102	-0.519102	1.000000	keine
23	Nik.säure	BS	0.034519	-0.014519	0.020000	keine

10 - 15 kg

Spaltenvariable

Nr.	Name	an	Aktivität	Einsatzkosten
1	Weizen	UG		0.407000
2	Gerste	BS	0.234094	0.393000
3	Roggen	UG		0.389000
4	Hafer	BS	0.566251	0.382000
5	Fischm.	BS	0.199655	0.851000
6	Rohfaser	UG		10000000.000000
7	Rohfett	UG		0.750000
8	Lysin	UG		9.500000
9	verd.Roh	UG		1.400000
10	Ca	UG		42.000000
11	P	UG		42.000000
12	Na	BS	0.000340	12.000000
13	Fe	BS	0.000062	130.000000
14	Cu	UG		248.000000
15	Mn	UG		94.000000
16	Se	UG		384.000000
17	J	BS		270.000000
18	Zn	BS	0.000057	56.000000
19	Vit.A	BS	0.000002	230.000000
20	Vit.K	UG		650.000000
21	Vit.E	BS	0.000009	195.500000
22	Vit.B2	BS		528.000000
23	Vit.B6	UG		452.000000
24	Vit.B12	UG		21200.000000
25	Panthot.	UG		1825.000000
26	Cholin	UG		194.000000
27	Nikotin	UG		155.000000

15 - 20 kg **Kosten: 0,50 DM**

Zeilenvariable

Nr.	Name	an	Aktivität	Slack-Aktivität	Untergrenze	Obergrenze
1	Tagmenge	EQ	1.000000		1.000000	1.000000
2	Rohfaser	BS	52.427646	7.572354	keine	60.000000
3	Rohfett	BS	31.446511	38.553489	keine	70.000000
4	Lysin	BS	11.757170	-0.857170	10.900000	keine
5	Rohprot	BS	190.579295	-13.579295	177.000000	keine
6	Calzium	BS	9.748337	-0.548337	9.200000	keine
7	Phosphor	UG	7.000000		7.000000	keine
8	Natrium	UG	2.000000		2.000000	keine
9	Eisen	UG	0.110000		0.110000	keine
10	Kupfer	UG	0.005000		0.005000	keine
11	Mangan	BS	0.025503	-0.005503	0.020000	keine
12	Selen	BS	0.004710	-0.004460	0.000250	keine
13	Jod	UG	0.000150		0.000150	keine
14	Zink	UG	0.090000		0.090000	keine
15	Vit.A	UG	0.002400		0.002400	keine
16	Vit.K	BS	0.001052	-0.000902	0.000150	keine
17	Vit.E	UG	0.015820		0.015820	keine
18	Vit.B2	UG	0.003030		0.003030	keine
19	Vit.B6	BS	0.006967	-0.003967	0.003000	keine
20	Vit.B12	BS	0.000030	-0.000011	0.000019	keine
21	Pan.säure	BS	0.010430	-0.000430	0.010000	keine
22	Cholin	BS	1.519102	-0.519102	1.000000	keine
23	Nik.säure	BS	0.034519	-0.014519	0.020000	keine

15 - 20 kg

Spaltenvariable

Nr.	Name	an	Aktivität	Einsatzkosten
1	Weizen	UG		0.407000
2	Gerste	BS	0.234094	0.393000
3	Roggen	UG		0.389000
4	Hafer	BS	0.566251	0.382000
5	Fischm.	BS	0.199655	0.851000
6	Rohfaser	UG		10000000.000000
7	Rohfett	UG		0.750000
8	Lysin	UG		9.500000
9	Verd.Roh	UG		1.400000
10	Ca	UG		42.000000
11	P	UG		42.000000
12	Na	BS	0.000340	12.000000
13	Fe	BS	0.000062	130.000000
14	Cu	UG		248.000000
15	Mn	UG		94.000000
16	Se	UG		384.000000
17	J	BS		270.000000
18	Zn	BS	0.000057	56.000000
19	Vit.A	BS	0.000002	230.000000
20	Vit.K	UG		650.000000
21	Vit.E	BS	0.000009	195.000000
22	Vit.B2	BS		528.000000
23	Vit.B6	UG		452.000000
24	Vit.B12	UG		21200.000000
25	Panthot.	UG		1825.000000
26	Cholin	UG		194.000000
27	Nikotin	UG		155.000000

20 - 25 kg **Kosten: 0,60 DM**

Zeilenvariable

Nr.	Name	an	Aktivität	Slack-Aktivität	Untergrenze	Obergrenze
1	Tagmenge	EQ	1.200000		1.200000	1.200000
2	Rohfaser	BS	62.913175	9.086825	keine	72.000000
3	Rohfett	BS	37.735813	46.264187	keine	84.000000
4	Lysin	BS	14.108604	-1.508604	12.600000	keine
5	Rohprot	BS	228.695154	-18.695154	210.000000	keine
6	Calzium	BS	11.698004	-0.898004	10.800000	keine
7	Phosphor	UG	8.400000		8.400000	keine
8	Natrium	UG	2.400000		2.400000	keine
9	Eisen	UG	0.132000		0.132000	keine
10	Kupfer	UG	0.006000		0.006000	keine
11	Mangan	BS	0.030603	-0.006603	0.024002	keine
12	Selen	BS	0.005652	-0.005352	0.000300	keine
13	Jod	UG	0.000180		0.000180	keine
14	Zink	UG	0.108000		0.108000	keine
15	Vit.A	UG	0.002880		0.002880	keine
16	Vit.K	BS	0.001262	-0.001082	0.000180	keine
17	Vit.E	UG	0.018000		0.018000	keine
18	Vit.B2	UG	0.003600		0.003600	keine
19	Vit.B6	BS	0.008360	-0.004760	0.003600	keine
20	Vit.B12	BS	0.000036	-0.000014	0.000022	keine
21	Pan.säure	BS	0.012516	-0.000516	0.012000	keine
22	Cholin	BS	1.822922	-0.622922	1.200000	keine
23	Nik.säure	BS	0.041422	-0.017422	0.024000	keine

20 - 25 kg

Spaltenvariable

Nr.	Name	an	Aktivität	Einsatzkosten
1	Weizen	UG		0.407000
2	Gerste	BS	0.280913	0.393000
3	Roggen	UG		0.389000
4	Hafer	BS	0.679502	0.382000
5	Fischm.	BS	0.239585	0.851000
6	Rohfaser	UG		10000000.000000
7	Rohfett	UG		0.750000
8	Lysin	UG		9.500000
9	Verd.Roh	UG		1.400000
10	Ca	UG		42.000000
11	P	UG		42.000000
12	Na	BS	0.000407	12.000000
13	Fe	BS	0.000074	130.000000
14	Cu	UG		248.000000
15	Mn	UG		94.000000
16	Se	UG		384.000000
17	J	BS		270.000000
18	Zn	BS	0.000069	56.000000
19	Vit.A	BS	0.000003	230.000000
20	Vit.K	UG		650.000000
21	Vit.E	BS	0.000010	195.000000
22	Vit.B2	BS		528.000000
23	Vit.B6	UG		452.000000
24	Vit.B12	UG		21200.000000
25	Panthot.	UG		1825.000000
26	Cholin	UG		194.000000
27	Nikotin	UG		155.000000

25 - 30 kg **Kosten: 0,66 DM**

Zeilenvariable

Nr.	Name	an	Aktivität	Slack-Aktivität	Untergrenze	Obergrenze
1	Tagmenge	EQ	1.300000		1.300000	1.300000
2	Rohfaser	BS	66.302325	11.697675	keine	78.000000
3	Rohfett	BS	39.041716	56.118284	keine	95.160000
4	Lysin	BS	14.888422	-2.018422	12.870000	keine
5	Rohprot	BS	242.089391	-13.549391	228.540000	keine
6	Calzium	BS	12.222937	-0.782937	10.440000	keine
7	Phosphor	UG	8.970000		8.970000	keine
8	Natrium	BS	2.140910	-0.190910	1.950000	keine
9	Eisen	UG	0.104000		0.104000	keine
10	Kupfer	UG	0.006500		0.006500	keine
11	Mangan	BS	0.031094	-0.005094	0.026000	keine
12	Selen	BS	0.008429	-0.008104	0.000325	keine
13	Jod	UG	0.000195		0.000195	keine
14	Zink	UG	0.091000		0.091000	keine
15	Vit.A	UG	0.002368		0.002368	keine
16	Vit.K	BS	0.001255	-0.001060	0.000195	keine
17	Vit.E	UG	0.016484		0.016484	keine
18	Vit.B2	UG	0.003510		0.003510	keine
19	Vit.B6	BS	0.008673	-0.004773	0.003900	keine
20	Vit.B12	BS	0.000038	-0.000020	0.000018	keine
21	Pan.säure	UG	0.013000		0.013000	keine
22	Cholin	BS	1.950880	-0.650880	1.300000	keine
23	Nik.säure	UG	0.275000		0.275000	keine

25 - 30 kg

Spaltenvariable

Nr.	Name	an	Aktivität	Einsatzkosten
1	Weizen	UG		0.407000
2	Gerste	BS	0.419865	0.393000
3	Roggen	UG		0.389000
4	Hafer	BS	0.629797	0.382000
5	Fischm.	BS	0.250339	0.851000
6	Rohfaser	UG		10000000.000000
7	Rohfett	UG		0.750000
8	Lysin	UG		9.500000
9	Verd.Roh	UG		1.400000
10	Ca	UG		42.000000
11	P	UG		42.000000
12	Na	UG		12.000000
13	Fe	BS	0.000045	130.000000
14	Cu	BS	0.000001	248.000000
15	Mn	UG		94.000000
16	Se	UG		384.000000
17	J	BS		270.000000
18	Zn	BS	0.000049	56.000000
19	Vit.A	BS	0.000002	230.000000
20	Vit.K	UG		650.000000
21	Vit.E	BS	0.000008	195.000000
22	Vit.B2	BS		528.000000
23	Vit.B6	UG		452.000000
24	Vit.B12	UG		21200.000000
25	Panthot.	UG		1825.000000
26	Cholin	UG		194.000000
27	Nikotin	BS	0.000225	155.000000

30 - 35 kg **Kosten: 0,71 DM**

Zeilenvariable

Nr.	Name	an	Aktivität	Slack-Aktivität	Untergrenze	Obergrenze
1	Tagmenge	EQ	1.500000		1.500000	1.500000
2	Rohfaser	BS	82.554114	7.445886	keine	90.000000
3	Rohfett	BS	48279629	71.720371	keine	120.000000
4	Lysin	BS	16.343106	-2.543106	13.800000	keine
5	Rohprot	BS	270.960991	-8.460991	262.500000	keine
6	Calzium	BS	13.313496	-0.563496	12.750000	keine
7	Phosphor	UG	9.750000		9.750000	keine
8	Natrium	UG	2.264885	-0.014885	2.250000	keine
9	Eisen	UG	0.075000		0.075000	keine
10	Kupfer	BS	0.008521	-0.001021	0.007500	keine
11	Mangan	BS	0.041008	-0.011008	0.030000	keine
12	Selen	BS	0.005348	-0.004973	0.000375	keine
13	Jod	UG	0.000225		0.000225	keine
14	Zink	UG	0.075000		0.075000	keine
15	Vit.A	UG	0.001800		0.001800	keine
16	Vit.K	BS	0.001582	-0.001357	0.000225	keine
17	Vit.E	UG	0.016500		0.016500	keine
18	Vit.B2	UG	0.003750		0.003750	keine
19	Vit.B6	BS	0.011045	-0.006545	0.004500	keine
20	Vit.B12	BS	0.000041	-0.000026	0.000015	keine
21	Pan.säure	BS	2.202127	-0.702127	1.500000	keine
22	Cholin	BS	1.822922	-0.622922	1.200000	keine
23	Nik.säure	BS	0.046576	-0.024076	0.022500	keine

30 - 35 kg

Spaltenvariable

Nr.	Name	an	Aktivität	Einsatzkosten
1	Weizen	UG		0.407000
2	Gerste	BS	0.264976	0.393000
3	Roggen	UG		0.389000
4	Hafer	BS	0.964976	0.382000
5	Fischm.	BS	0.270049	0.851000
6	Rohfaser	UG		10000000.000000
7	Rohfett	UG		0.750000
8	Lysin	UG		9.500000
9	Verd.Roh	UG		1.400000
10	Ca	UG		42.000000
11	P	UG		42.000000
12	Na	UG		12.000000
13	Fe	UG		130.000000
14	Cu	UG		248.000000
15	Mn	UG		94.000000
16	Se	UG		384.000000
17	J	BS		270.000000
18	Zn	BS	0.000023	56.000000
19	Vit.A	BS	0.000002	230.000000
20	Vit.K	UG		650.000000
21	Vit.E	BS	0.000006	195.000000
22	Vit.B2	BS		528.000000
23	Vit.B6	UG		452.000000
24	Vit.B12	UG		21200.000000
25	Panthot.	UG		1825.000000
26	Cholin	UG		194.000000
27	Nikotin	UG		155.000000

35 - 40 kg **Kosten: 0,73 DM**

Zeilenvariable

Nr.	Name	an	Aktivität	Slack-Aktivität	Untergrenze	Obergrenze
1	Tagmenge	EQ	1.600000		1.600000	1.600000
2	Rohfaser	BS	96.000000		keine	96.000000
3	Rohfett	BS	54.714961	89.285039	keine	144.000000
4	Lysin	BS	15.228359	-1.628359	13.600000	keine
5	Rohprot	BS	264.187897	-8.187897	256.000000	keine
6	Calzium	BS	12.000000		12.000000	keine
7	Phosphor	BS	9.044446	-0.244446	8.800000	keine
8	Natrium	UG	2.400000		2.400000	keine
9	Eisen	BS	0.132000	-0.008420	0.080000	keine
10	Kupfer	BS	0.011868	-0.003868	0.008000	keine
11	Mangan	BS	0.050540	-0.018540	0.032000	keine
12	Selen	UG	0.000400		0.000400	keine
13	Jod	UG	0.000240		0.000240	keine
14	Zink	UG	0.080000		0.080000	keine
15	Vit.A	UG	0.001920		0.001920	keine
16	Vit.K	BS	0.001769	-0.001769		keine
17	Vit.E	UG	0.017600		0.017600	keine
18	Vit.B2	UG	0.004000		0.004000	keine
19	Vit.B6	BS	0.013097	-0.008297	0.004800	keine
20	Vit.B12	BS	0.000036	-0.000020	0.000016	keine
21	Pan.säure	BS	0.018510	-0.002510	0.016000	keine
22	Cholin	BS	2.278614	-0.678614	1.600000	keine
23	Nik.säure	BS	0.035319	-0.011319	0.024000	keine

35 - 40 kg Spaltenvariable

Nr.	Name	an	Aktivität	Einsatzkosten
1	Weizen	UG		0.407000
2	Gerste	BS	0.016597	0.393000
3	Roggen	BS	0.026191	0.389000
4	Hafer	BS	1.319376	0.382000
5	Fischm.	BS	0.237836	0.851000
6	Rohfaser	UG		10000000.000000
7	Rohfett	UG		0.750000
8	Lysin	UG		9.500000
9	Verd.Roh	UG		1.400000
10	Ca	UG		42.000000
11	P	UG		42.000000
12	Na	BS	0.000415	12.000000
13	Fe	UG		130.000000
14	Cu	UG		248.000000
15	Mn	UG		94.000000
16	Se	UG		384.000000
17	J	BS		270.000000
18	Zn	BS	0.000020	56.000000
19	Vit.A	BS	0.000002	230.000000
20	Vit.K	UG		650.000000
21	Vit.E	BS	0.000006	195.000000
22	Vit.B2	BS		528.000000
23	Vit.B6	UG		452.000000
24	Vit.B12	UG		21200.000000
25	Panthot.	UG		1825.000000
26	Cholin	UG		194.000000
27	Nikotin	UG		155.000000

40 - 45 kg **Kosten: 0,72 DM**

Zeilenvariable

Nr.	Name	an	Aktivität	Slack-Aktivität	Untergrenze	Obergrenze
1	Tagmenge	EQ	1.600000		1.600000	1.600000
2	Rohfaser	BS	96.000000		keine	96.000000
3	Rohfett	BS	54.114725	99.165275	keine	153.280000
4	Lysin	BS	14.464983	-1.504983	12.960000	keine
5	Rohprot	BS	254.673299	-11.313299	243.360000	keine
6	Calzium	UG	11.200000		11.200000	keine
7	Phosphor	BS	8.643877	-0.643877	8.000000	keine
8	Natrium	UG	2.400000		2.400000	keine
9	Eisen	BS	0.088391	-0.008391	0.080000	keine
10	Kupfer	BS	0.012012	-0.004012	0.008000	keine
11	Mangan	BS	0.050812	-0.018812	0.032000	keine
12	Selen	UG	0.000400		0.000400	keine
13	Jod	UG	0.000240		0.000240	keine
14	Zink	UG	0.080000		0.080000	keine
15	Vit.A	UG	0.001788		0.001788	keine
16	Vit.K	BS	0.001711	-0.001711		keine
17	Vit.E	UG	0.017600		0.017600	keine
18	Vit.B2	UG	0.004000		0.004000	keine
19	Vit.B6	BS	0.013081	-0.008281	0.004800	keine
20	Vit.B12	BS	0.000033	-0.000017	0.000016	keine
21	Pan.säure	BS	0.018422	-0.002422	0.016000	keine
22	Cholin	BS	2.289611	-0.689611	1.600000	keine
23	Nik.säure	BS	0.034398	-0.010398	0.024000	keine

40 - 45 kg

Spaltenvariable

Nr.	Name	an	Aktivität	Einsatzkosten
1	Weizen	UG		0.407000
2	Gerste	BS	0.016515	0.393000
3	Roggen	BS	0.050906	0.389000
4	Hafer	BS	1.312376	0.382000
5	Fischm.	BS	0.220203	0.851000
6	Rohfaser	UG		10000000.000000
7	Rohfett	UG		0.750000
8	Lysin	UG		9.500000
9	Verd.Roh	UG		1.400000
10	Ca	UG		42.000000
11	P	UG		42.000000
12	Na	BS	0.000532	12.000000
13	Fe	UG		130.000000
14	Cu	UG		248.000000
15	Mn	UG		94.000000
16	Se	UG		384.000000
17	J	BS		270.000000
18	Zn	BS	0.000020	56.000000
19	Vit.A	BS	0.000002	230.000000
20	Vit.K	UG		650.000000
21	Vit.E	BS	0.000006	195.000000
22	Vit.B2	BS		528.000000
23	Vit.B6	UG		452.000000
24	Vit.B12	UG		21200.000000
25	Panthot.	UG		1825.000000
26	Cholin	UG		194.000000
27	Nikotin	UG		155.000000

45 - 50 kg **Kosten: 0,90 DM**

Zeilenvariable

Nr.	Name	an	Aktivität	Slack-Aktivität	Untergrenze	Obergrenze
1	Tagmenge	EQ	2.000000		2.000000	2.000000
2	Rohfase	OG	120.000000		keine	120.000000
3	Rohfett	BS	67.043171	130.956829	keine	198.000000
4	Lysin	BS	17.317853	-1.517853	15.800000	keine
5	Rohprot	BS	308.827027	-15.027027	293.800000	keine
6	Calzium	UG	13.200000		13.200000	keine
7	Phoshor	BS	10.404277	-1.204277	9.200000	keine
8	Natrium	UG	3.000000		3.000000	keine
9	Eisen	BS	0.110459	-0.010459	0.100000	keine
10	Kupfer	BS	0.015159	-0.005159	0.010000	keine
11	Mangan	BS	0.063787	-0.023787	0.040000	keine
12	Selen	BS	0,000500		0.000500	keine
13	Jod	UG	0.000300		0.000300	keine
14	Zink	UG	0.100000		0.100000	keine
15	Vit. A	UG	0.002051		0.002051	keine
16	Vit. K	UG	0.002080	-0.002080		keine
17	Vit. E	BS	0.022000		0.022000	keine
18	Vit. B2	UG	0.005000		0.225000	keine
19	Vit. B6	UG	0.016336	-0.010336	0.006000	keine
20	Vit. B12	BS	0.000039	-0.000019	0.000020	keine
21	Pan.säure	BS	0.022940	-0.002940	0.020000	keine
22	Cholin	BS	2.873012	-0.873012	2.000000	keine
23	Nik.säure	BS	0.042077	-0.012077	0.030000	keine

45 - 50 kg

Spaltenvariable

Nr.	Name	an	Aktivität	Einsatzkosten
1	Weizen	UG		0.407000
2	Gerste	BS	0.020563	0.393000
3	Roggen	UG		0.389000
4	Hafer	BS	0.088347	0.382000
5	Fischm.	BS	1.633469	0.851000
6	Rohfaser	UG		100000.000000
7	Rohfett	UG		0.750000
8	Lysin	UG		9.500000
9	verd.Roh	UG		1.400000
10	Ca	UG		42.000000
11	P	UG		42.000000
12	Na	BS	0.000782	12.000000
13	Fe	BS		130.000000
14	Cu	UG		248.000000
15	Mn	UG		94.000000
16	Se	UG		384.000000
17	J	BS		270.000000
18	Zn	BS	0.000026	56.000000
19	Vit.A	BS	0.000002	230.000000
20	Vit.K	UG		650.000000
21	Vit.E	BS	0.000008	195.500000
22	Vit.B2	BS	0.000001	528.000000
23	Vit.B6	UG		452.000000
24	Vit.B12	UG		21200.000000
25	Panthot	UG		1825.000000
26	Cholin	UG		194.000000
27	Nikotin	UG		155.000000

50 - 55 kg **Kosten: 0,99 DM**

Zeilenvariable

Nr.	Name	an	Aktivität	Slack-Aktivität	Untergrenze	Obergrenze
1	Tagmenge	EQ	2.200000		2.200000	2.200000
2	Rohfase	OG	132.000000		keine	132.000000
3	Rohfett	BS	73.620035	146.379965	keine	220.000000
4	Lysin	BS	18.838769	-1.238769	17.600000	keine
5	Rohprot	BS	337.093217	-18.093217	319.000000	keine
6	Calzium	UG	14.300000		14.300000	keine
7	Phoshor	BS	11.330826	-1.430826	9.900000	keine
8	Natrium	UG	3.300000		3.300000	keine
9	Eisen	BS	0.121633	-0.011633	0.110000	keine
10	Kupfer	BS	0.016763	-0.005763	0.011000	keine
11	Mangan	BS	0.070323	-0.026323	0.044000	keine
12	Selen	BS	0.000440		0.000440	keine
13	Jod	UG	0.000330		0.000330	keine
14	Zink	UG	0.110000		0.110000	keine
15	Vit. A	UG	0.001980		0.001980	keine
16	Vit. K	UG	0.002274	-0.002274		keine
17	Vit. E	BS	0.024200		0.024200	keine
18	Vit. B2	UG	0.005500		0.005500	keine
19	Vit. B6	UG	0.017971	-0.011371	0.006600	keine
20	Vit. B12	BS	0.000042	-0.000020	0.000022	keine
21	Pan.säure	BS	0.025226	-0.003226	0.022000	keine
22	Cholin	BS	3.168861	-3.168861		keine
23	Nik.säure	BS	0.045769	-0.012769	0.033000	keine

50-55 kg **Spaltenvariable**

Nr.	Name	an	Aktivität	Einsatzkosten
1	Weizen	UG		0.407000
2	Gerste	BS	0.017079	0.393000
3	Roggen	BS	0.106416	0.389000
4	Hafer	BS	1.798003	0.382000
5	Fischm.	BS	0.278502	0.851000
6	Rohfaser	UG		10000000.000000
7	Rohfett	UG		0.750000
8	Lysin	UG		9.500000
9	verd.Roh	UG		1.400000
10	CA	UG		42.000000
11	P	UG		42.000000
12	Na	BS	0.000895	12.000000
13	Fe	UG		130.000000
14	Cu	UG		248.000000
15	Mn	UG		94.000000
16	Se	UG		384.000000
17	J	BS		270.000000
18	Zn	BS	0.000029	56.000000
19	Vit.A	BS	0.000002	230.000000
20	Vit.K	UG		650.000000
21	Vit.E	BS	0.000008	195.500000
22	Vit.B2	BS	0.000001	528.000000
23	Vit.B6	UG		452.000000
24	Vit.B12	UG		21200.000000
25	Panthot.	UG		1825.000000
26	Cholin	UG		194.000000
27	Nikotin	UG		155.000000

55 - 60 kg **Kosten: 0,99 DM**

Zeilenvariable

Nr.	Name	an	Aktivität	Slack-Aktivität	Untergrenze	Obergrenze
1	Tagmenge	EQ	2.200000		2.200000	2.200000
2	Rohfase	OG	132.000000		keine	132.000000
3	Rohfett	BS	73.620035	146.379965	keine	220.000000
4	Lysin	BS	18.838769	-1.238769	17.600000	keine
5	Rohprot	BS	337.093217	-18.093217	319.000000	keine
6	Calzium	UG	14.300000		14.300000	keine
7	Phoshor	BS	11.330826	-1.430826	9.900000	keine
8	Natrium	UG	3.300000		3.300000	keine
9	Eisen	BS	0.121633	-0.011633	0.110000	keine
10	Kupfer	BS	0.016763	-0.005763	0.011000	keine
11	Mangan	BS	0.070323	-0.026323	0.044000	keine
12	Selen	BS	0.000440		0.000440	keine
13	Jod	UG	0.000330		0.000330	keine
14	Zink	UG	0.110000		0.110000	keine
15	Vit. A	UG	0.001980		0.001980	keine
16	Vit. K	UG	0.002274	-0.002274		keine
17	Vit. E	BS	0.024200		0.024200	keine
18	Vit. B2	UG	0.005500		0.005500	keine
19	Vit. B6	UG	0.017971	-0.011371	0.006600	keine
20	Vit. B12	BS	0.000042	-0.000020	0.000022	keine
21	Pan.säure	BS	0.025226	-0.003226	0.022000	keine
22	Cholin	BS	3.168861	-3.168861		keine
23	Nik.säure	BS	0.045769	-0.012769	0.033000	keine

55-60 kg

Spaltenvariable

Nr.	Name	an	Aktivität	Einsatzkosten
1	Weizen	UG		0.407000
2	Gerste	BS	0.017079	0.393000
3	Roggen	BS	0.106416	0.389000
4	Hafer	BS	1.798003	0.382000
5	Fischm.	BS	0.278502	0.851000
6	Rohfaser	UG		10000000.000000
7	Rohfett	UG		0.750000
8	Lysin	UG		9.500000
9	verd.Roh	UG		1.400000
10	CA	UG		42.000000
11	P	UG		42.000000
12	Na	BS	0.000895	12.000000
13	Fe	UG		130.000000
14	Cu	UG		248.000000
15	Mn	UG		94.000000
16	Se	UG		384.000000
17	J	BS		270.000000
18	Zn	BS	0.000029	56.000000
19	Vit.A	BS	0.000002	230.000000
20	Vit.K	UG		650.000000
21	Vit.E	BS	0.000008	195.500000
22	Vit.B2	BS	0.000001	528.000000
23	Vit.B6	UG		452.000000
24	Vit.B12	UG		21200.000000
25	Panthot.	UG		1825.000000
26	Cholin	UG		194.000000
27	Nikotin	UG		155.000000

60 - 70 kg **Kosten: 1,08 DM**

Zeilenvariable

Nr.	Name	an	Aktivität	Slack-Aktivität	Untergrenze	Obergrenze
1	Tagmenge	EQ	2.400000		2.400000	2.400000
2	Rohfase	OG	144.000000		keine	144.000000
3	Rohfett	BS	80.312766	159.687234	keine	240.000000
4	Lysin	BS	20.551384	-1.351384	19.200000	keine
5	Rohprot	BS	367.738055	-19.738055	348.000000	keine
6	Calzium	UG	15.600000		15.600000	keine
7	Phoshor	BS	12.360901	-1.560901	10.800000	keine
8	Natrium	UG	3.600000		3.600000	keine
9	Eisen	BS	0.132691	-0.012691	0.120000	keine
10	Kupfer	BS	0.018287	-0.006287	0.012000	keine
11	Mangan	BS	0.076716	-0.028716	0.048000	keine
12	Selen	BS	0.000480		0.000480	keine
13	Jod	UG	0.000360		0.000360	keine
14	Zink	UG	0.120000		0.120000	keine
15	Vit. A	UG	0.002160		0.002162	keine
16	Vit. K	UG	0.002481	-0.002481		keine
17	Vit. E	BS	0.026400		0.026400	keine
18	Vit. B2	UG	0.006000		0.006000	keine
19	Vit. B6	UG	0.019605	-0.012405	0.007200	keine
20	Vit. B12	BS	0.000046	-0.000022	0.000024	keine
21	Pan.säure	BS	0.027519	-0.003519	0.024000	keine
22	Cholin	BS	3.456939	-3.456939		keine
23	Nik.säure	BS	0.049930	-0.013930	0.036000	keine

60-70 kg **Spaltenvariable**

Nr.	Name	an	Aktivität	Einsatzkosten
1	Weizen	UG		0.407000
2	Gerste	BS	0.018632	0.393000
3	Roggen	BS	0.116090	0.389000
4	Hafer	BS	1.961458	0.382000
5	Fischm.	BS	0.303820	0.851000
6	Rohfaser	UG		10000000.000000
7	Rohfett	UG		0.750000
8	Lysin	UG		9.500000
9	verd.Roh	UG		1.400000
10	CA	UG		42.000000
11	P	UG		42.000000
12	Na	BS	0.000976	12.000000
13	Fe	UG		130.000000
14	Cu	UG		248.000000
15	Mn	UG		94.000000
16	Se	UG		384.000000
17	J	BS		270.000000
18	Zn	BS	0.000031	56.000000
19	Vit.A	BS	0.000002	230.000000
20	Vit.K	UG		650.000000
21	Vit.E	BS	0.000009	195.500000
22	Vit.B2	BS	0.000001	528.000000
23	Vit.B6	UG		452.000000
24	Vit.B12	UG		21200.000000
25	Panthot.	UG		1825.000000
26	Cholin	UG		194.000000
27	Nikotin	UG		155.000000

70 - 80 kg **Kosten: 1,17 DM**

Zeilenvariable

Nr.	Name	an	Aktivität	Slack-Aktivität	Untergrenze	Obergrenze
1	Tagmenge	EQ	2.600000		2.600000	2.600000
2	Rohfase	OG	156.000000		keine	156.000000
3	Rohfett	BS	87.005496	172.994504	keine	260.000000
4	Lysin	BS	22.264000	-1.464000	20.800000	keine
5	Rohprot	BS	398.382893	-21.382893	377.000000	keine
6	Calzium	UG	16.900000		16.900000	keine
7	Phoshor	BS	13.390976	-1.690976	11.700000	keine
8	Natrium	UG	3.900000		3.900000	keine
9	Eisen	BS	0.143748	-0.013748	0.130000	keine
10	Kupfer	BS	0.019811	-0.006811	0.013000	keine
11	Mangan	BS	0.083109	-0.031109	0.052000	keine
12	Selen	BS	0.000520		0.000520	keine
13	Jod	UG	0.000390		0.000390	keine
14	Zink	UG	0.130000		0.130000	keine
15	Vit. A	UG	0.002340		0.002340	keine
16	Vit. K	UG	0.002687	-0.002687		keine
17	Vit. E	BS	0.028600		0.028600	keine
18	Vit. B2	UG	0.006500		0.006500	keine
19	Vit. B6	UG	0.021239	-0.013439	0.007800	keine
20	Vit. B12	BS	0.000049	-0.000023	0.000026	keine
21	Pan.säure	BS	0.029812	-0.003812	0.026000	keine
22	Cholin	BS	3.745018	-3.745018		keine
23	Nik.säure	BS	0.054091	-0.015091	0.039000	keine

70-80 kg Spaltenvariable

Nr.	Name	an	Aktivität	Einsatzkosten
1	Weizen	UG		0.407000
2	Gerste	BS	0.020185	0.393000
3	Roggen	BS	0.125764	0.389000
4	Hafer	BS	2.124913	0.382000
5	Fischm.	BS	0.329139	0.851000
6	Rohfaser	UG		10000000.000000
7	Rohfett	UG		0.750000
8	Lysin	UG		9.500000
9	verd.Roh	UG		1.400000
10	CA	UG		42.000000
11	P	UG		42.000000
12	Na	BS	0.001057	12.000000
13	Fe	UG		130.000000
14	Cu	UG		248.000000
15	Mn	UG		94.000000
16	Se	UG		384.000000
17	J	BS		270.000000
18	Zn	BS	0.000034	56.000000
19	Vit.A	BS	0.000002	230.000000
20	Vit.K	UG		650.000000
21	Vit.E	BS	0.000010	195.500000
22	Vit.B2	BS	0.000001	528.000000
23	Vit.B6	UG		452.000000
24	Vit.B12	UG		21200.000000
25	Panthot.	UG		1825.000000
26	Cholin	UG		194.000000
27	Nikotin	UG		155.000000

ab 80 kg **Kosten: 1,21 DM**

Zeilenvariable

Nr.	Name	an	Aktivität	Slack-Aktivität	Untergrenze	Obergrenze
1	Tagmenge	EQ	2.700000		2.700000	2.700000
2	Rohfase	OG	162.000000		keine	162.000000
3	Rohfett	BS	90.351862	179.648138	keine	270.000000
4	Lysin	BS	23.120307	-1.520307	21.600000	keine
5	Rohprot	BS	413.705312	-22.205312	391.500000	keine
6	Calzium	UG	17.550000		17.550000	keine
7	Phoshor	BS	13.906014	-1.756014	12.150000	keine
8	Natrium	UG	4.050000		4.050000	keine
9	Eisen	BS	0.149277	-0.014277	0.135000	keine
10	Kupfer	BS	0.020573	-0.007073	0.013500	keine
11	Mangan	BS	0.086305	-0.032305	0.054000	keine
12	Selen	BS	0.000540		0.000540	keine
13	Jod	UG	0.000405		0.000405	keine
14	Zink	UG	0.135000		0.135000	keine
15	Vit. A	UG	0.002430		0.002430	keine
16	Vit. K	UG	0.002791	-0.002791		keine
17	Vit. E	BS	0.029700		0.029700	keine
18	Vit. B2	UG	0.006750		0.006750	keine
19	Vit. B6	UG	0.022056	-0.013956	0.008100	keine
20	Vit. B12	BS	0.000051	-0.000024	0.000027	keine
21	Pan.säure	BS	0.030959	-0.003959	0.027000	keine
22	Cholin	BS	3.889057	-3.889057		keine
23	Nik.säure	BS	0.056171	-0.015671	0.040500	keine

ab 80 kg **Spaltenvariable**

Nr.	Name	an	Aktivität	Einsatzkosten
1	Weizen	UG		0.407000
2	Gerste	BS	0.020961	0.393000
3	Roggen	BS	0.130601	0.389000
4	Hafer	BS	2.206640	0.382000
5	Fischm.	BS	0.341798	0.851000
6	Rohfaser	UG		10000000.000000
7	Rohfett	UG		0.750000
8	Lysin	UG		9.500000
9	verd.Roh	UG		1.400000
10	CA	UG		42.000000
11	P	UG		42.000000
12	Na	BS	0.001098	12.000000
13	Fe	UG		130.000000
14	Cu	UG		248.000000
15	Mn	UG		94.000000
16	Se	UG		384.000000
17	J	BS		270.000000
18	Zn	BS	0.000035	56.000000
19	Vit.A	BS	0.000002	230.000000
20	Vit.K	UG		650.000000
21	Vit.E	BS	0.000010	195.500000
22	Vit.B2	BS	0.000001	528.000000
23	Vit.B6	UG		452.000000
24	Vit.B12	UG		21200.000000
25	Panthot.	UG		1825.000000
26	Cholin	UG		194.000000
27	Nikotin	UG		155.000000

Anhang 3

Presseveröffentlichungen zum Thema

- Überschußproduktion auf dem EG-Agrarmarkt
- Gülle
- Trockenfutterherstellung

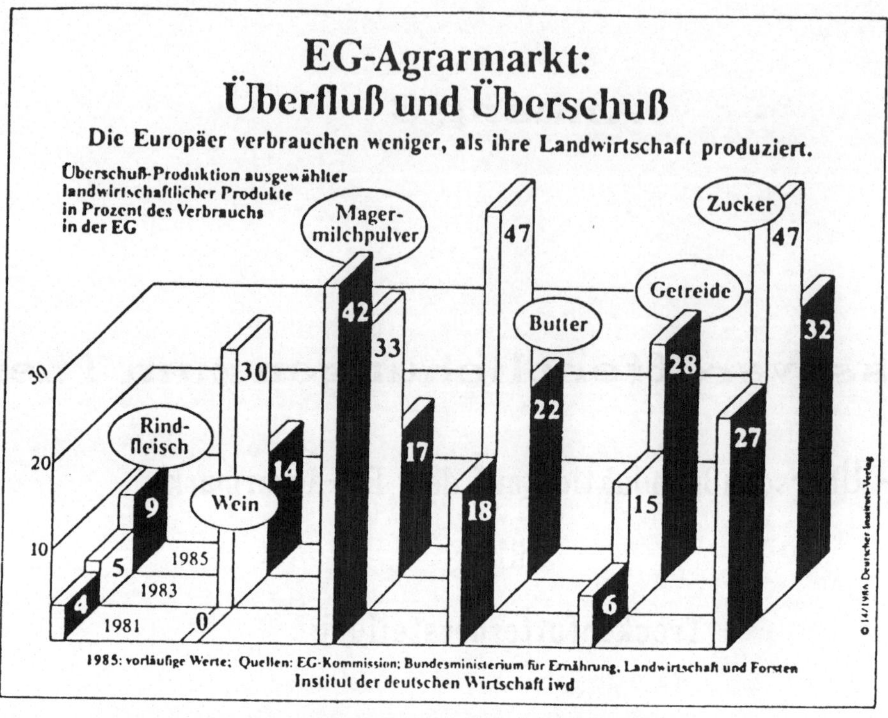

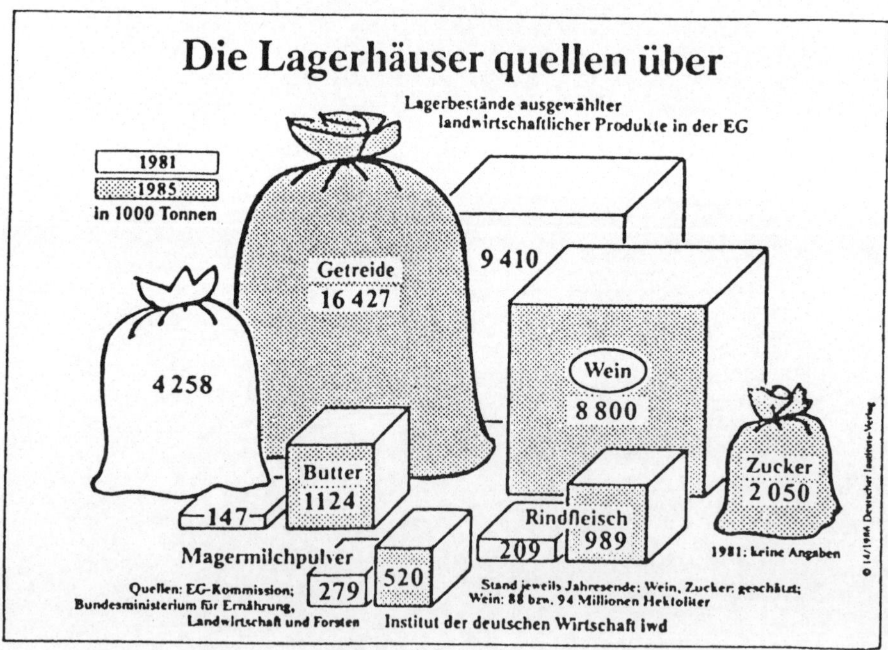

ca. 200,-- DM/t Getreide Lagerkosten pro Jahr

iwd Nr. 14 vom 3. 4. 1986

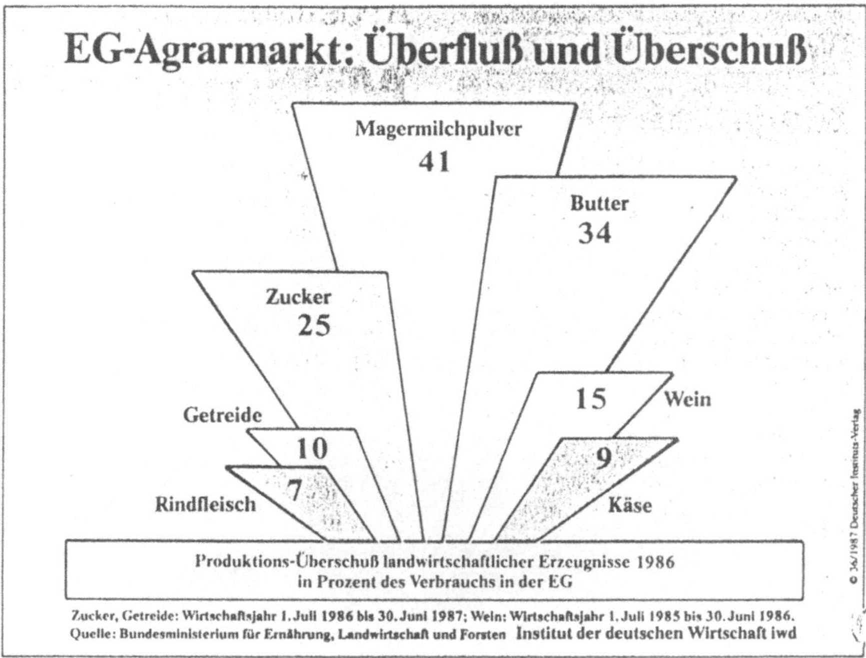

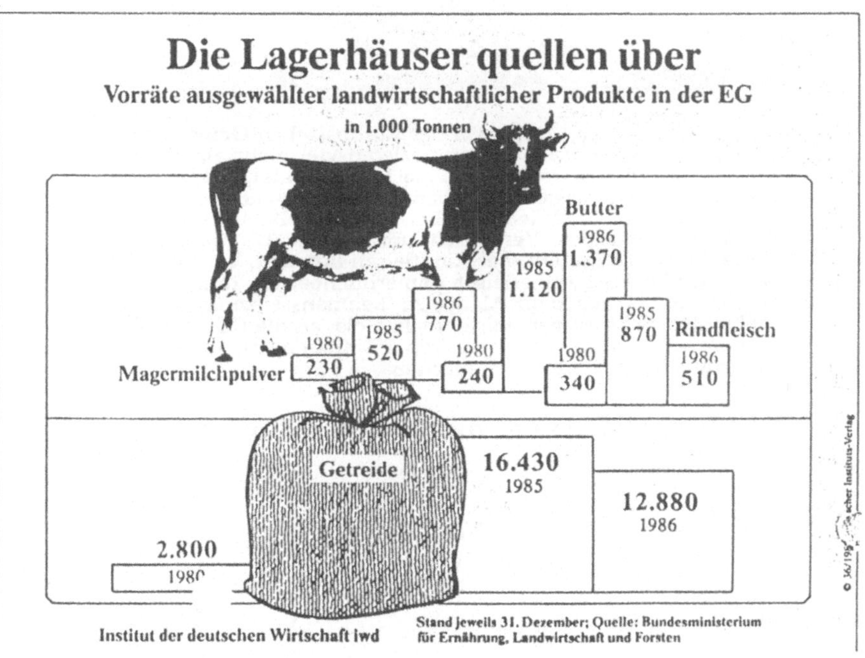

iwd Nr. 36 vom 3. 9. 1987

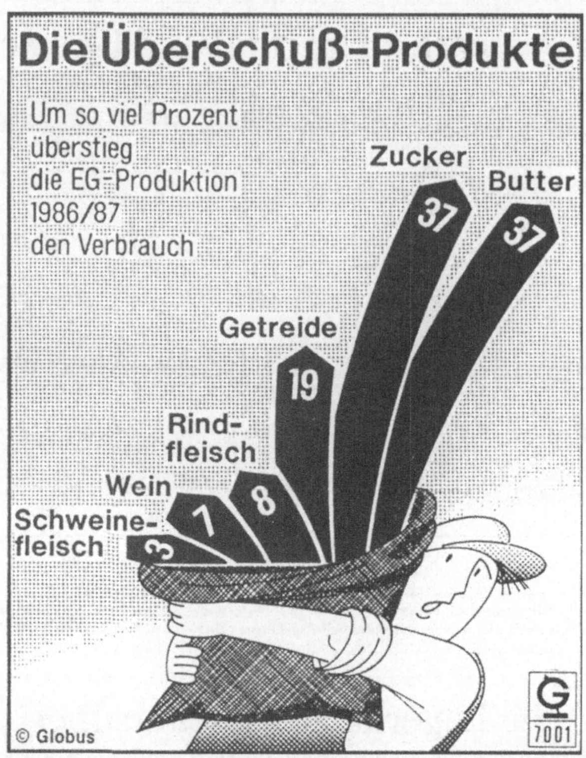

Die Landwirte in der Europäischen Gemeinschaft produzieren viel mehr als die EG-Verbraucher essen wollen, weil sie für Schlüsselprodukte eine Preis- und Abnahmegarantie haben. Das gilt besonders für Milchprodukte, Zucker und Getreide. Bei Butter und Zucker übersteigt die Produktion den Verbrauch um jeweils 37 Prozent, bei Getreide um 19 Prozent, bei Rindfleisch um acht, bei Wein um sieben und bei Schweinefleisch immerhin noch um drei Prozent. Dieses Zuviel aus dem Markt zu nehmen, einzulagern und schließlich zu beseitigen, kostet mehr Geld, als die EG-Mitgliedsstaaten bezahlen wollen. Die leeren EG-Kassen sind es, die eine Agrarreform unausweichlich machen.

Nordwest-Zeitung vom 23. 2. 1988

Gülle: Aus dem Naturdünger wurde ein die Natur belastender Abfallstoff

Menge und Konzentration machen es – Neue Konzepte gesucht

Von **Peter Wachter**

Frankfurt. „Früher", erinnert sich Ernst Dammann, „früher haben wir Güllewagen noch danach beurteilt, welcher am weitesten und am höchsten spritzen konnte!" Das war sozusagen in der gülletechnischen Steinzeit. Die Neuzeit war in dieser Woche auf der internationalen landwirtschaftlichen Fachausstellung „Agritechnica" in Frankfurt zu bestaunen.

„Wir können beobachten, wie die Gülle vom Landwirtschaftsministerium zum Umweltministerium wandert", konkretisierte Landwirt Dammann, zugleich Bundesvorsitzender der Maschinenringe in Deutschland, auf der Agritechnica während einer Podiumsdiskussion zur Gülleverwertung das Problem. Um die Gülle drehte sich vieles auf dieser Messe.

Keine Frage, die Landwirtschaft arbeitet mit Nachdruck an der Domestizierung des braunen Saftes mit dem schlechten Ruf und dem markanten Duft. Denn die Brühe belästigt nicht nur die Nase; in Gebieten, in denen eine intensive Viehhaltung auf flächenarmen Betrieben vorherrscht, wissen die Landwirte oft nicht mehr, wohin damit. Die Menge macht's: Aus dem Naturdünger wird ein Grundwasser und Ozonschicht belastender Abfall.

Auch wer nach den Regeln der Pflanzenernährung den stickstoff- und phosphathaltigen Flüssigmist sinnvoll ausbringt, kann auf der Agritechnica dazulernen. Nicht mehr weit und hoch sollen moderne Güllewagen spritzen – das stinkt, und das entweichende Ammoniak-Gas belastet die Atmosphäre –, sondern tief und genau. Unter Umweltgesichtspunkten besonders günstig beurteilen Experten ein auf der Messe präsentiertes System, das überhaupt nicht mehr spritzt: Die Gülle fließt hier über bis auf den Boden hängende Verteilerschläuche direkt zwischen die Pflanzreihen.

Gar nicht mehr stinken soll es bei einem Tankwagen-Monstrum, das eine holländische Firma anbietet. Der „Gülleinjektor" fräst den Flüssigmist direkt in den Boden ein. Die Maschine war allerdings so neu, daß die Firma noch nicht einmal den Preis nennen konnte. Er ist astronomisch hoch, soviel steht schon fest, und genau dies ist das Problem: „Ein einzelner Landwirt kann sich so etwas nicht mehr leisten", meinen die Berater der Deutschen Landwirtschaftsgesellschaft (DLG).

Der „Gülleinjektor" ist neu, groß und sehr teuer. Die auf der Agritechnica vorgestellte Maschine soll die Gülle ohne Geruchsbelästigung direkt in den Boden einbringen. Bild: Wachter

Mit blumigen Worten präsentiert ein Händler ein Pülverchen, das die Gülle gleich im Lagerbehälter zur geruchs- und ammoniaklosen Soße machen soll. „Zu ineffizient und damit auch zu teuer", so der Kommentar bei der DLG. Doch auch die von Umweltschützern verstärkt geforderten Abdeckungen für Lagerbehälter sind nicht aus der Portokasse zu bezahlen. Sie kosten 15 000 bis 20 000 DM – ohne daß der Landwirt einen direkten Nutzen davon hat. Damit macht die Messe vor allem eines deutlich: die Zukunft in der Gülletechnik hat zwar begonnen, doch ist wegen der enormen Kosten der neuen Verfahren immer mehr die überbetriebliche Kooperation notwendig.

Zusammenarbeit könnte auch ein Ausweg für diejenigen Tierhalter sein, denen die Gülle förmlich bis zum Hals steht. In Halle 5 auf dem Messegelände in Frankfurt haben die GülleBörse Coesfeld (Nordrhein-Westfalen) und das Sammellager-Modell in Bitburg (Rheinland-Pfalz) ihre Informationsstände. Hinter beiden Projekten steht die Erkenntnis, daß sämtliche Verfahren, überschüssige Gülle über Klärung loszuwerden, oder mittels Separierung und Kompostierung als Blumendünger salonfähig zu machen, weit teurer sind als der Transport zu Gebieten, in denen ein Gülle-Mangel besteht. Abnehmer gebe es in der Bundesrepublik in wirtschaftlicher Entfernung von den Erzeugern fast immer, meint Dr. Heinrich Traulsen von der Landwirtschaftskammer Schleswig-Holstein.

Traulsen schätzt, daß die Gülleklärung eher 30 als 15 DM pro Kubikmeter kostet – das flüssige Endprodukt habe aber nur die Qualität von Haushalts-Abwasser. Zum gleichen Preis ließe sich die Gülle per Tanklastzug bis zu 70 Kilometer weit transportieren. Zugleich können mit Sammelbehältern die Investitionskosten auf ein Minimum von 45 DM pro Kubikmeter umbauten Raumes gedrückt werden, errechnete Herman van den Weghe, der das Bitburger Projekt betreut.

Trotz unbestreitbarer Vorteile des Sammelns und Verteilens schwappt die Stimmung der Landwirte in dieser Richtung nicht gerade über: „Wer garantiert mir, daß ich Gülle in gleicher Qualität und ohne fremde Krankheitskeime wiederkriege, wie ich sie anliefere", meint ein Besucher des Bitburger Informationsstandes. „Die Zeit, in der ich auf dem Trecker sitze und die Gülle zum Sammellager bringe, kann ich sinnvoller anders verbringen", argumentiert er.

Vieles ist auch ganz ohne Bauen und Investieren zu schaffen. Denn große Tiere müssen nicht unbedingt auch viel Mist machen. Auf der Agritechnica kursierte die Zahl von 30 Prozent Verminderung des Nährstoffgehalts in der Gülle allein durch eine veränderte Fütterung der Tiere.

Aber noch machen große Tiere viel Mist. Der Weg zurück vom gefährlichen Abfall zum Naturdünger, oder wie Ernst Dammann sagen würde, vom Umweltministerium zum Landwirtschaftsministerium, ist noch weit.

Nordwest-Zeitung vom 2. 12. 1989

Umwelt

Oldenburger Landrecht

Die Massenhaltung von Tieren vergiftet mit Flüssigmist Grundwasser und Meere. Viele Betriebe halten sich nicht an die gesetzlichen Auflagen.

So ein Kraut hatten die Bauern von Ossenbeck im niedersächsischen Landkreis Vechta noch nie gesehen. Mitten auf einem Maisfeld stand es, fast 80 Zentimeter hoch und dicht gedrängt.

Experten des Pflanzenschutzamtes Osnabrück, zur Untersuchung herbeigeholt, fanden schnell eine Erklärung für den rätselhaften Bewuchs. Es handele sich um das tropische Erdmandelgras („Cyperus esculentus"), eines der schädlichsten Wildkräuter der Welt. Den Landleuten schwante Böses: „Ich glaube", sagte ein Bauer, „das kommt von der Hühnergülle."

In der Nähe des Maisfeldes betreibt ein Hühnerzüchter seine Tierfabrik, die Samen des Tropengrases könnten mit dem Futter und den Exkrementen des Federviehs eingeschleppt worden sein. Das jedenfalls wollten Wissenschaftler von der Osnabrücker Fachhochschule, „nach Lage der Befallsfläche", nicht ausschließen.

Bisher sind rund um Ossenbeck 35 Hektar vom Erdmandelgras, das schnell wächst und bis zu eineinhalb Meter hoch werden kann, befallen. Wenn es sich weiter ausbreitet, ist mit dem Ackerbau erst mal Schluß: Wo sich das hartnäckige Tropenkraut, das mit den meisten der herkömmlichen Herbizide nicht ausgerottet werden kann, angesiedelt hat, wächst so schnell nichts anderes mehr.

Für Mais prophezeien die Osnabrükker Experten in solchen Fällen Ertragsverluste von bis zu 50 Prozent. „Das ist", sagt Remmer Akkermann, Vorsitzender der „Biologischen Schutzgemeinschaft Hunte Weser-Ems" (BSH), „der Horror der Landwirtschaft."

Der Befall mit dem exotischen Schädling ist nur eine der verheerenden Folgen der Massentierhaltung. Aus den Ställen der deutschen Eier- und Fleischmultis, in denen Schweine, Rinder und Hühner meist mit Futtermitteln aus der Dritten Welt gemästet werden, rieseln jedes Jahr 200 Millionen Tonnen verdünnte Tierexkremente, die Gülle, auf die Äcker. Die stinkende und ätzende Brühe macht dem natürlichen Wachstum von Nutzpflanzen den Garaus.

Längst vorbei sind die Tage, in denen Äcker nur deshalb gedüngt wurden, damit Spargel und Kartoffeln, Mohrrüben und Kohl besser gedeihen. Riesige Landwirtschaftsflächen sind seit Jahren nur noch Kloaken, in denen die Jauche aus der Agrarindustrie entsorgt wird: Müllhalden, auf denen nichts anderes mehr wächst als der genügsame Mais.

Was von der ständig steigenden Gülleflut nicht gleich mit dem Jauchewagen ausgefahren werden kann, wird in Teichen zwischengelagert, die vom Erdboden nur durch eine Folie isoliert sind. „Lagunen" heißen die unappetitlichen Tümpel in der Fachsprache.

Die Folgen der Ausbeutung von Boden und Kreatur sind verheerend: Die Nitrate und Ammoniakgase aus den Exkrementen sind mitverantwortlich für die Algenpest der Meere, für verseuchtes Trinkwasser und sterbende Wälder.

In einem 10 bis 15 Hektar großen Waldstück im Landkreis Regensburg verloren 60 bis 70 Jahre alte Bäume zunächst Nadeln, Rinde und Äste und sackten dann ganz in sich zusammen. Verursacher war, nach einer Studie des Frankfurter Bundesamtes für Ernährung und Forstwirtschaft, die Abluft aus einem benachbarten Stall mit 70 000 Hühnern.

Aber auch den Pflanzen, die dem ätzenden Gestank aus Legehennenbatterien, Rinder- und Schweinemastbetrieben nicht direkt ausgesetzt sind, bekommt der Ammoniakausstoß nicht, denn das Gas, das sich schnell in wasserlösliches Ammonium verwandelt, führt zu einer künstlichen Überdüngung des Bodens.

Mindestens ein Drittel des unerwünschten Düngers, der mit dem Regen in den Boden einsickert und Bäume krank macht, kommt aus der Landwirtschaft, schätzt der Agrarökologe Rudolf Aldag.

Die Gülle – das Wort stammt aus dem Mittelhochdeutschen und heißt eigentlich ganz harmlos „Pfütze“ – ist auch für das Grundwasser Gift. Durch magere Sandböden sickern Schadstoffe schnell in tiefere Schichten, der Nitratgehalt des Wassers steigt.

Nitrat verwandelt sich speziell im Körper von Säuglingen in das Blutgift Nitrit, das zur Erstickung führen kann. Im Blutkreislauf von Erwachsenen können die Nitrate krebserzeugende Nitrosamine bilden. Nach der Trinkwasserverordnung sind deshalb höchstens 50 Milligramm Nitrat pro Liter Flüssigkeit zugelassen. Doch weisen schon acht Prozent des geförderten Grundwassers höhere Werte auf.

Besonders belastet sind Privatbrunnen. Im nordrhein-westfälischen Münsterland ergaben Messungen, daß 10 000 von 85 000 Hausbrunnen Wasser mit zu hohen Nitratwerten lieferten. Im Landkreis Vechta, dem Gebiet mit der intensivsten Massentierhaltung der Welt, waren es schon Anfang der achtziger Jahre 70 Prozent, Tendenz: weiter steigend. In besonders krassen Fällen enthielt das Wasser sogar bis zu 1000 Milligramm Nitrat pro Liter.

Damit wieder genießbares Naß aus der Leitung fließt, empfiehlt der Landkreis Vechta den Hausbesitzern, die Brunnen tiefer zu bohren oder sich an die öffentliche Wasserversorgung anzuschließen.

Beide Lösungen kosten viel Geld. „Das ist“, empörte sich ein Hausbesitzer, „als wenn Sie Ihr Auto an der Straße parken, ich fahr' drauf, und Sie sind schuld, weil Sie da parken.“

Weil die Schadstoffe langsam in immer tiefere Schichten vordringen, bringt oft auch der Anschluß an das allgemeine Wassernetz keine Entlastung. Die übelriechende Hinterlassenschaft der Massentierhaltung wird sogar in Wasserschutzgebieten abgeladen. Im baden-württembergischen Donauried zum Beispiel liegen 5000 Hektar Ackerfläche, auf denen Gülle versprüht wird, mitten in der Wasserschutzzone.

„Wir Deutsche waren ohne Zweifel zu sorglos“, schrieb Niedersachsens Umweltminister Werner Remmers, 58, schon vor zwei Jahren im Fachblatt *EntsorgungsPraxis*. Doch Taten ließ der CDU-Mann dieser Einsicht bisher nicht folgen. Dabei hätte gerade er allen Grund, der unablässigen Güllleflut Einhalt zu gebieten.

Denn nirgendwo sind so viele Hühner und Schweine konzentriert wie im niedersächsischen Südoldenburg. „Wenn es in der Nase brennt und sich ein leichter Würgereiz einstellt, ist man am Ziel“, spottet die Zeitschrift *Vital* über diese Region. Allein im Gülle-Landkreis Vechta stehen elf Millionen Hühner, 119 000 Rinder und 779 000 Schweine in den Ställen. Nirgendwo sonst sind die Eier- und Fleischproduzenten so unumschränkte Herrscher über Wasser, Boden und Luft wie hier. Für „mafiaähnlich“ hält der SPD-Landtagsabgeordnete Uwe Bartels, 43, die Zustände in den Hühner-Hochburgen zwischen Oldenburg und Osnabrück. Von 2000 Anlagen in den Landkreisen Vechta und Cloppenburg, die eigentlich nach dem Immissionsschutzgesetz behördlich genehmigt werden müßten, ist den Gewerbeaufsichtsämtern nur ein Viertel gemeldet. Und auch bei diesen Betrieben ist selten alles so, wie es die Vorschriften verlangen.

In den Ställen der Firma Visbeker Eierproduktion im Landkreis Vechta waren zum Beispiel jahrelang mehr Hennen zusammengepfercht als behördlich erlaubt. Den vorgeschriebenen Nachweis, wo die Gülle blieb, lieferte das Unternehmen nicht. Erst nachdem das Gewerbeaufsichtsamt Oldenburg mit Schließung gedroht hatte, reichte Visbek-Ei Anträge zur Genehmigung ein.

Ein Strafverfahren hat die Firma dennoch kaum zu befürchten. Schließlich ist Geschäftsführer Heinrich Wempe, 59, stellvertretender CDU-Landrat und Bürgermeister von Visbek. „Das geschieht hier öfter“, weiß BSH-Vorsitzender Akkermann, „wenn der Stall fertig ist, dann sagt man: So, nun wollen wir doch mal über politische Kanäle, über Kreistag oder Ausschüsse sehen, daß wir die Genehmigung reinkriegen.“

Anton Pohlmann („Goldhuhn“), mit 95 000 Mark Tageseinnahmen einer der größten Hühnerhalter der Welt, ist bei den Ämtern an Wunder längst gewöhnt. Der Herr über 3,5 Millionen Hühner in der Bundesrepublik und nochmals vier Millionen Federviecher in den Vereinigten Staaten ließ eine Stallung in Garrel, Landkreis Cloppenburg, sogar 16 Jahre lang ohne die erforderliche Genehmigung arbeiten. Die Behörden mahnten Pohlmann zwar mehrmals, sich an die vorgeschriebenen Verfahren zu halten. Doch der speiste die Beamten allenfalls mit unvollständigen Unterlagen ab, wenn er sich überhaupt meldete.

Erst im vergangenen Jahr bequemte sich der Agrar-Millionär, die notwendigen Belege beizubringen. „Das ist unmöglich“, antwortete Umweltminister Remmers auf eine Anfrage der Grünen im Landtag. Er werde „unnachsichtig dafür sorgen, daß hier nach unserem Recht und Gesetz und nicht nach einem irgendwie gearteten Oldenburger Landrecht verfahren wird“.

Es blieb bei der Ankündigung. Weder mußte Pohlmann eine Strafe zahlen, noch wurde bekannt, wo die Gülle geblieben war, über deren ordnungsgemäße Entsorgung der Hühnerhalter jahrelang keine Rechenschaft abgelegt hatte. Statt dessen erhielt der Agrarmulti anstandslos seine Genehmigung.

Weil den Bauern im Südoldenburgischen die Gülle ohnehin schon bis zum Halse steht, bezahlt Pohlmann nun Landwirte im benachbarten Ostfriesland dafür, daß sie seinen Dreck auf ihren Äckern entsorgen – Geld stinkt eben doch. Erlös für die friesischen Bauern: 100 Mark pro Hektar Ackerland.

Immerhin will das Land Niedersachsen nächstes Jahr eine neue Verordnung erlassen, die den Landwirten verbindlich vorschreibt, innerhalb welcher Fristen welche Menge Gülle auf den Äckern ausgebracht werden darf. Ähnliche Vorschriften gibt es bereits in Schleswig-Holstein und Nordrhein-Westfalen.

Doch auch die Verordnungen können das Problem nicht lösen, daß Jahr für Jahr mehr Flüssigmist untergebracht werden muß. Inzwischen sollen Güllelager schon aus öffentlichen Mitteln finanziert werden. Und im westfälischen Coesfeld hat, grotesk, eine Güllebörse eröffnet, auf der über Ackerflächen zur Entsorgung gefeilscht wird.

Umweltschützer fürchten deshalb, daß Tierexkremente künftig quer durch die Republik gekarrt werden – ähnlich wie in Holland. Bei Entfernungen bis zu 180 Kilometern reist dort die stinkende Fuhre mit dem Tanklastzug, weitere Entfernungen werden per Schiff zurückgelegt.

Doch von den Horrormeldungen zeigen sich deutsche Bauernfunktionäre wenig beeindruckt. Durch die intensive Landwirtschaft, findet der Vorsitzende des Cloppenburger Kreislandvolks, Bernhard Thie, sei „eine sehr schöne Landschaft entstanden“.

Der Spiegel 47/1989 vom 20. 11. 1989

Vechtas Tierhalter mit dem Rücken an der Wand

Gülleverordnung noch vor Weihnachten

pwa **Vechta.** Die Vechteraner Landwirte stehen mit dem Rükken an der Wand – oder bis zum Hals in der Gülle: „Die Lage ist sehr ernst", so der Tenor der Referenten, die am Freitag vor Landwirten in Vechta Neues zu einem im Landkreis wohlbekannten Thema vortrugen.

Führten die Landwirte bislang lediglich eine „Konfrontation mit den Medien", so wende sich jetzt auch die Verwaltung der benachbarten Landkreise gegen die Intensivtierhalter, stellte der Vechteraner Universitätsprofessor Dr. Hans-Wilhelm Windhorst fest. Wenn die nämlich keine Vechteraner Gülle mehr haben wollten, dann „sind die Möglichkeiten, das Gülleproblem zu lösen, nur sehr beschränkt".

Durften die Landwirte bislang drei Dungvieheinheiten (DE, eine DE entspricht 80 Kilogramm Stickstoff pro Hektar Landwirtschaftlicher Nutzfläche) pro Hektar und Jahr ausbringen, dürfen es nach der neuen Gülleverordnung, die sicher noch vor Weihnachten verabschiedet werde, ab 1993 nur noch 2,5 DE sein, sagte Windhorst. Damit nicht genug: „Die Intention der Regierung geht in Richtung zwei DE", will der Professor brandaktuell erfahren haben.

Bei der 2,5-DE-Regelung hätte der Landkreis Vechta exakt 13 000 ha zu wenig Entsorgungsfläche, beim Limit von zwei DE wären es noch einmal 16 250 ha zu wenig, rechnete Bernd Stania von der Naturdung-Verwertungsgenossenschaft Vechta vor.

Ganz neu in der neuen Gülleverordnung ist, daß die Anlieferung an eine Verwertungsgesellschaft als Flächennachweis anerkannt wird. „Damit ist der Verursacher praktisch aus dem Schneider, sagte Windhorst. Allerdings muß auch für die Umwandlungsprodukte ein Flächennachweis geführt werden.

Wenn die Angst vor der Einschleppung von Seuchen in den benachbarten Landkreisen den Gülleexport weiter massiv behindert, zusätzliche Flächen aber nicht mehr zu bekommen sind, verblieben als einzige Auswege, der Gülle per Nährstoffreduktion die Zähne zu ziehen, oder sie zu vorfluterreifem Wasser zu klären, meinte Stania. Das wiederum sei derzeit aber noch vergleichsweise kostspielig.

Da blieben die Ausführungen von Professor Dr. Karl-Dietrich Günther von der Uni Göttingen ein Tropfen auf dem heißen Stein: Zehn bis fünfzig Prozent Stickstoff in der Gülle könnten langfristig durch eine andere Fütterung eingespart werden.

Nordwest-Zeitung vom 9. 12. 1989

Die Stinker vom Lande

Wenn der Wind auf West dreht, gehen in der Allgäuer Gemeinde Ruderatshofen selbst bei schönstem Sommerwetter viele Fenster zu. »Sonst bekomme ich Schwierigkeiten beim Atmen«, klagt die 44jährige Margarete Hänsel. Auch nachts kann die frische Luft in dem Ort nahe Kaufbeuren Probleme machen, so dem Arzt Dr. Robert Betz: »Manchmal wache ich morgens mit dumpfem Druck im Kopf auf, die Augen brennen, der Hals ist trocken, die Nase läuft.«

Schuld gibt Betz der Abgasfahne aus der etwa einen Kilometer westlich gelegenen Anlage der »Futtertrocknungsgenossenschaft Ruderatshofen«. Den Sommer über lassen Bauern hier die Grasernte zu Kraftfutter für Schweine und Rinder verarbeiten – in Spitzenzeiten rund um die Uhr. Dazu wird das Grünzeug maschinell zerkleinert, in einer riesigen rotierenden Trommel mit der heißen Abluft eines Gasbrenners getrocknet und schließlich zu knapp korkengroßen Futter-»Pellets« gepreßt. Der Staub, der beim Dörren entsteht, wird zwar zum Teil weggefiltert, »aber laut Gesetz«, ärgert sich Betz, »dürfen landwirtschaftliche Trocknungsanlagen dreimal mehr Dreck in die Luft pusten als die Industrie«. Daß es sich dabei um Teilchen von Pflanzen handelt, macht den großzügigen Grenzwert für den Arzt nicht verständlicher: »Auch Staub aus organischem Material trocknet die Schleimhäute aus und kann allergische Reaktionen auslösen.«

Werner Schneider von der »Gesellschaft für Umweltplanung Stuttgart« sind die etwa 60 Grünfuttertrocknungsbetriebe in der Bundesrepublik aus einem anderen Grund suspekt: »Gras enthält Eiweiß und Fett. Beim Verbrennen von Erdgas entstehen reichlich Stickoxide. Zusammen mit den 600 bis 800 Grad Hitze, die am Eingang der Trokkentrommel herrschen, und dem beim Dörren freiwerdenden Wasserdampf ergibt das ein gefährliches Reaktionsgemisch, in dem gleich eine ganze Reihe krebserregender Substanzen entstehen können.« Nitrosamine etwa, wie sie zum Beispiel in Pökelfleisch und Grillsteaks enthalten sind. Außerdem gibt es bei uns kaum noch ein Fleckchen Erde, auf dem sich nicht Spuren von Kunstdünger und Pestiziden finden. Schneider: »Bei den Trocknungstemperaturen besteht die Gefahr, daß daraus das Ultragift Dioxin entsteht. Die einzige vergleichbare Anlage in Holland darf deshalb nur mit aufwendigen Abluftfiltern betrieben werden.«

In der Bundesrepublik dagegen haben die Behörden nicht einmal prüfen lassen, welche dieser gefährlichen Substanzen in welchen Mengen in Grünfuttertrocknungsanlagen entstehen. In Bayern, wo die meisten dieser Betriebe angesiedelt sind, haben weder das Münchner Landesamt für Umweltschutz noch das Landwirtschaftsministerium nach Dioxinen oder polyzyklischen Aromaten fahnden lassen – nicht in der Abluft und auch nicht in dem produzierten Trockenfutter. Über Schweine- und Kuhmägen könnten die Gifte ins Schnitzel und in die Milch gelangen.

Behördlich untersucht wurden Futter-Pellets bisher nur auf ihren Gehalt an Schwermetallen wie Cadmium oder Quecksilber. Die gefährlichen Stoffe werden bei der Verbrennung von Gas, Öl oder Kohle frei und gelangen mit den Abgasen, die direkt durch die Trocknungstrommel strömen, in das Grünfutter. Zahlen aber will Johann Mayer von der Bayerischen Landesanstalt für Tierzucht in Grub nicht herausrücken: »Die Ergebnisse liegen alle unter den gesetzlich zugelassenen Grenzwerten für Tierfutter.«

Für Dr. Carsten Alsen-Hinrichs, Toxikologe an der Universität Kiel, sind die erlaubten Höchstmengen für die giftigen Schwermetalle allerdings sehr hoch angesetzt: »Man muß dabei bedenken, daß sich etwa Quecksilber und Cadmium in den Innereien der Tiere anreichern.«

Genauere Zahlen kann Harald Metzger aus Koneberg im Allgäu nennen. Der Schreiner ist Mitglied einer Bürgerinitiative, die sich gegen den Bau einer neuen Grünfuttertrocknungsanlage bei Jengen wehrt und die Pellets vom Energie- und Umweltbüro Garching untersuchen ließ: »Die gefundene Cadmiumbelastung liegt bei 0,35 Milligramm pro Kilogramm Trockensubstanz. Sie ist also zehnmal höher als normalerweise in Futtergetreide.«

Das von der Bürgerinitiative eingeschaltete Umweltinstitut München fand außerdem Spuren von Schweröl. Es gibt einige Trocknungsanlagen, in denen das Gras noch mit den Abgasen von Schweröl oder sogar mit Kohle getrocknet wird. Bei beiden Feuerungsarten besteht die Gefahr, daß mit dem Ruß stark krebserregende Benzpyrene im Trockengut hängenbleiben.

In der Bundesrepublik werden 180 000 Tonnen Futter-Pellets produziert, so Alfons Bieber, Vorstandsvorsitzender des Bundesfachverbandes landwirtschaftlicher Trocknungen, 450 000 Tonnen aus anderen europäischen Ländern importiert. Dort seien noch 60 Prozent der Anlagen kohlebefeuert. In Frankreich, weiß Bieber, gibt es sogar zwei Betriebe, die ihr Gras mit den Abgasen von Müllverbrennungsanlagen trocknen. KLAUS THEWS

Stern Nr. 43/1989

Mathematikprojekt beschäftigte sich mit Schweinemästung

Ergebnis: Neue Mästungsprogramme können ökologisch wünschenswerte Wirkungen erzielen

Im Jahr 1984 wurden 50,1 kg Schweinefleisch pro Person auf dem Gebiet der damaligen BRD verzehrt, 1988 waren es schon 62,2 kg. Das heißt jeder, einschließlich aller Säuglinge, aß am Tag 140 bzw. 180 g Schweinefleisch (300 g Fleisch insgesamt pro Tag). Dabei fällt pro Person 1 Liter Schweinegülle pro Tag an. Zur Produktion des in der BRD verbrauchten Schweinefleisches wurden 43 Millionen Schweine im Jahr 1984 benötigt, d.h. jeweils 4 Personen müßten 3 Schweine gemästet haben.

Ohne auf das Für und Wider von Schweinefleisch und Fleischkonsum überhaupt einzugehen, legen die Zahlen nahe, daß eine Verringerung des Verbrauchs in der BRD wünschenswert sein könnte. Diese Überlegung führte uns zu der Einsicht, daß man eine „gesündere“ Futterzusammensetzung für Schweine diskutieren könnte, selbst wenn dadurch der Preis des Schweinefleisches steigen würde.

Der Modellansatz, den die beteiligten angehenden DiplommathematikerInnen verfolgten, versucht durch ein differenziertes Fütterungsverfahren Futterbestandteile und die zahlreichen Zusatzstoffe altersabhängig zu optimieren. Optimierungsziel ist Vermeidung bzw. Reduzierung von im weiteren Sinne ökologisch nicht unbedenklichen Bestandteilen unter Beachtung der für die Futterzusammensetzung erforderlichen Randbedingungen. Mögliche Kostensteigerungen werden dabei, wie schon gesagt, in Kauf genommen.

Bei der Futterzusammensetzung wurde auf die Verwendung von Soja und Mais vollständig verzichtet. Um den Nährwert zu erhalten, ist eine völlig neue Komposition erforderlich. Grundlage für die eingesetzten Verfahren waren die in diversen Standardsorten vorhandenen Bestandteile von Aminosäuren, Mineralien, Vitaminen und Nährstoffen im engeren Sinne, sowie untere und obere Grenzen, die durch die Fachverbände angegeben werden (Landwirtschaftskammern, Arbeitsgemeinschaft für Wirkstoffe der Tierernährung, DLG, Auswertungs- und Informationsdienst für Landwirtschaft und Forsten). Diese Werte haben wir mit angepaßten Verfahren inter- bzw. extrapoliert und dann durch ein lineares Programm zu gewichtsabhängigen Futterplänen verarbeitet. In dem Modell wird das Futter in 5 kg-Schritten in Abhängigkeit vom Lebendgewicht der Tiere verändert.

Es stellt sich heraus, daß der finanzielle Aufwand für das Futter nur unerheblich höher wird, als bei konventioneller Fütterung, d.h. bei Verwendung von nur 2 unterschiedlichen Futtersorten über die ganze Aufzuchtszeit. Dabei ergibt sich, bezogen auf das Preisniveau von 1989, eine Erhöhung des Futterpreises um etwa 2 % bei einer Gesamtaufwendung von etwa 110 DM für die Mästung eines Schweines von 20 kg bis zum Schlachtgewicht von 100 kg. Dies ergab sich, obwohl wie erwähnt das Ziel des Modells nicht war, die Futterkosten zu minimieren. Vielmehr wurden die Kosten nur als zusätzliches Kriterium gewählt, wenn nach Maßgabe von Unter- bzw. Obergrenzen noch Variationsmöglichkeiten blieben. Im Gegensatz dazu wäre es wünschenswert, Kriterien wie Fleischqualität oder Güllezusammensetzung in die Optimierung einzubeziehen - allerdings existieren unserer Kenntnis nach keine Quantifizierungen dieser Kriterien.

Die Investitionen zur Umgestaltung der Stallanlagen wurden im Modell nicht berücksichtigt. Es wäre aber denkbar, daß solche Kosten aufgrund politischer Entscheidungen, die sich an den angedeuteten ökologischen Prinzipien orientieren, von den Mastbetrieben nicht (in voller Höhe) zu tragen wären. Es ist darauf hinzuweisen, daß die gewählte abgestufte Fütterung technisch keine Probleme darstellt. Es gibt inzwischen sogar die Möglichkeiten für individuelle Futterzusammensetzung und -bemessung für jedes einzelne Tier.

Was sind die Vorteile einer derartigen gewichtsabhängigen Futterzusammensetzung und des selbstauferlegten Verzichts auf Mais und Sojaprodukte? Zunächst werden die negativen Wirkungen des extensiven Maisanbaus reduziert - das Problem der Gülle, das derzeit zum Teil durch die Düngung der Maisfelder gelöst wird, muß gesondert untersucht werden. Sojaprodukte könnten in den Erzeugerländern bleiben und dort zur Verbesserung der Ernährungslage beitragen. Das Problem der Devisenbeschaffung dieser Länder durch Sojaexport ließe sich wohl anders lösen. Der (teure) Getreideberg in der Europäischen Gemeinschaft würde durch Verwendung von heimischen Getreidesorten zur Schweinefütterung abgebaut werden können.

Zahlreiche Zusatzstoffe, die derzeit z.B. bereits für 35 kg schwere Tiere in einer Menge dem Futter zugesetzt werden, wie sie erst für 100 kg schwere Tiere erforderlich ist, oder auch umgekehrt, würden reduziert werden. Bei der Arbeit fiel z.B. auf, daß in den üblichen Fertigfuttermischungen im Ferkelaufzuchtfutter II bis 35 kg Gewicht, 175 mg Kupfer enthalten sind und in dem im Anschluß verwendeten Mastfutter nur noch 35 mg pro kg Futter. Die Mindestmengen liegen laut DLG-Merkblatt 143 von 1988 sogar nur bei 5 mg pro kg Futter. Es ist anzumerken, daß Kupfer hoch toxisch ist und die Auswirkungen dieses starken Kupferzusatzes auf die Tiere, auf die Fleischqualität und auf die Gülle unserer Kenntnis nach bisher nicht geklärt sind.

Insgesamt lassen sich also durch eine angepaßte Dosierung von Futterzusatzstoffen wie Mineralien, Aminosäuren und Vitaminen, neben der aktuellen Einsparung (wohl in den meisten Fällen negative) Folgen durch die zur Zeit übliche Überdosierung auf das Fleisch und mithin auf den menschlichen Organismus und auch auf die Zusammensetzung der Gülle vermeiden. Somit lassen sich durch dieses angepaßte Mästungsmodell ökologisch wünschenswerte Wirkungen erzielen und vielleicht sogar Schäden vermeiden.

Ulrich Knauer

Die Projektgruppe vor dem Schweinestall

Im Gespräch mit der Chefin
(Dipl. Math. der Oldenburger Universität)

Elementare Einführung in die angewandte Statistik

von Karl Bosch

4., durchgesehene Auflage 1987. VIII, 210 Seiten mit 41 Abbildungen. (vieweg studium, Bd. 27; Basiswissen) Paperback. ISBN 3-528-37227-3

Das Buch ist aus einer Vorlesung entstanden, die der Autor wiederholt für Studenten der Fachrichtungen Biologie, Pädagogik, Psychologie und Wirtschaftswissenschaften gehalten hat. Behandelt werden die Grundbegriffe der Statistik, speziell elementare Stichprobentheorie, Parameterschätzung, Konfidenzintervalle, Testtheorie, Regression und Korrelation sowie die Varianzanalyse. Das Ziel des Autors ist es, die einzelnen Verfahren nicht nur zu beschreiben, sondern auch zu begründen, warum sie benutzt werden dürfen. Dabei wird die entsprechende Theorie elementar und möglichst anschaulich beschrieben. Manchmal wird auf ein Ergebnis aus der „Elementaren Einführung in die Wahrscheinlichkeitsrechnung" (vieweg studium, Bd. 25) verwiesen. Die Begriffsbildung und die entsprechende Motivation werden zu Beginn eines Abschnitts in anschaulichen Beispielen vorgenommen. Weitere Beispiele und durchgerechnete Übungsaufgaben sollten zum besseren Verständnis beitragen. Das Buch wendet sich an alle Studenten, die während ihres Studiums mit dem Fach Statistik in Berührung kommen.

Verlag Vieweg · Postfach 58 29 · D-6200 Wiesbaden 1